别告诉我你懂军事

《深度军事》编委会◎编著

枪械篇

清华大学出版社
北京

U0749289

内 容 简 介

本书采用问答的形式对枪械知识进行讲解，书中精心收录了读者广为关注的近百个热门问题，涵盖手枪、步枪、影响枪械寿命的因素、射击姿势等多个方向，对每个问题都进行了专业、准确和细致的解答。为了帮助读者理解复杂的枪械知识，并增强图书的趣味性和观赏性，书中还配有丰富而精美的示意图和鉴赏图，以及生动有趣的小知识。

本书内容结构严谨，分析讲解透彻，图片精美丰富，适合广大军事爱好者阅读和收藏，也可以作为青少年的科普读物。

本书封面贴有清华大学出版社防伪标签，无标签者不得销售。

版权所有，侵权必究。举报：010-62782989，beiqinquan@tup.tsinghua.edu.cn。

图书在版编目 (CIP) 数据

别告诉我你懂军事.枪械篇 /《深度军事》编委会编著 . —北京：清华大学出版社，2020.1
（2025.11重印）

（新军迷系列丛书）

ISBN 978-7-302-54179-0

Ⅰ . ①别… Ⅱ . ①深… Ⅲ . ①枪械—图解 Ⅳ . ① E92-64

中国版本图书馆 CIP 数据核字（2019）第 256101 号

责任编辑：李玉萍
封面设计：李 坤
责任校对：张彦彬
责任印制：杨 艳

出版发行：清华大学出版社
　　　　　网　　址：https://www.tup.com.cn，https://www.wqxuetang.com
　　　　　地　　址：北京清华大学学研大厦 A 座　　　邮　　编：100084
　　　　　社 总 机：010-83470000　　　　　　　　邮　　购：010-62786544
　　　　　投稿与读者服务：010-62776969，c-service@tup.tsinghua.edu.cn
　　　　　质 量 反 馈：010-62772015，zhiliang@tup.tsinghua.edu.cn
印 装 者：涿州汇美亿浓印刷有限公司
经　　销：全国新华书店
开　　本：146mm×210mm　　　　　印　　张：8.75
版　　次：2020 年 1 月第 1 版　　　　印　　次：2025 年 11 月第 7 次印刷
定　　价：49.80 元

产品编号：079110-01

前　言

　　枪械是指利用火药燃气能量发射弹丸、口径小于 20 毫米的身管射击武器。这种武器以发射枪弹、打击无防护或弱防护的有生目标为主，是步兵的主要武器，也是其他兵种的辅助武器。在民间还被广泛用于治安警卫、狩猎、体育比赛。

　　由于人们对战争和作战手段的认识不断发生变化，因而枪械的发展速度也是时快时慢，有时变革迟缓，有时飞跃前进。19 世纪末和 20 世纪初，自动武器出现，曾使枪械的发展步入黄金时代。第一次世界大战后直到 20 世纪 50 年代初发展速度较为缓慢。从 20 世纪 60 年代开始，枪械的研制又进入一个大发展时期。

　　对于枪械未来的前途和发展，在 20 世纪 60 年代已经有人作了远期预测，并且常在科幻文化和国防预算的争辩中出现。有两种观点认为枪械没有前途并将被取代：一种机动兵器已经代替了步兵完成绝大部分的战略任务，未来军用机器人将完全拥有步兵的本领，即使继续用枪械也仅是被固定在机器人身上而非手持。第二种观点认为随着先进能源技术的日益普及，将出现比枪械更有威力的小型武器，例如激光武器和电磁炮。而且反坦克导弹和便携式防空导弹取代了反坦克步枪和重机枪的战防和防空地位，未来很可能出现纳米技术制造的用于杀伤目标的单兵便携式导弹等。

　　本书采用问答的形式对枪械知识进行讲解，书中精心收录了读者广为关注的近百个热门问题，涵盖手枪、步枪、冲锋枪，以及影响枪械寿命的因素、射击姿势等多个方面，对每个问题都进行了专业、准确和细致的解答。为了帮助读者理解复杂的枪械知识，并增强图书的趣味性和观赏性，书中还配有丰富而精美的示意图和鉴赏图，以及生动有趣的小知识。

　　本书是真正面向军事爱好者的基础图书，特别适合作为广大军事爱好者了解枪械知识的参考资料和青少年朋友的入门读物。全书由资深军事团队编写，内容丰富、结构合理，关于枪械装备的相关参数还参考了制造商官方网站的公开数据以及国外的权威军事文档。

　　本系列图书由《深度军事》编委会创作，参与本书编写的人员有阳晓瑜、陈利华、高丽秋、龚川、何海涛、贺强、胡姝婷、黄启华、黎安芝、黎琪、黎绍文、卢刚、罗于华等。对于广大资深军事爱好者，以及有意了解国防军事知识的青少年，本系列图书不失为最有价值的科普读物。希望读者朋友们能够通过阅读本系列图书，极大地提高自己的军事素养。

目 录

Part 02 枪械实战篇

Part 01

枪械理论篇

枪械是指利用火药燃气能量发射弹丸、口径小于 20 毫米的身管射击武器。它以发射枪弹、打击无防护或弱防护的有生目标为主，还被广泛用于治安警卫、狩猎和体育比赛。枪械不仅是步兵的主要武器，也是其他兵种的辅助武器。

NO.1 枪械"枪族化"有什么特点?

21世纪许多突击步枪注重以"枪族化"形式存在，即一种基础步枪设计能够变形成卡宾枪、轻机枪/班组支援武器，甚至变形为高精度步枪。

枪族化的理念在大规模步兵战争中的优势十分突出，采用统一口径、通用零部件的班组武器，不仅可极大地降低研发难度，更给武器和弹药的批量生产带来了便利。

持突击步枪的战士在弹药耗尽后，还能与班用机枪的弹药互用。这无疑增强了各兵种之间协同作战的火力持续能力。不仅如此，因为大部分结构是相同的，当枪械发生故障的时候，也可以使用同枪族武器的零部件进行更换。战场上也同样如此，在战后和战前的日常维护中，枪族化武器也让后勤工作减轻了压力，只需要提供相同的零部件就可以维修一整套班组武器。

值得一提的是，枪族化理念的应用不仅体现为枪械之间的可替换性，同样也体现为兵种之间的可替换性，由于结构类似甚至相同，经过步枪射击训练的士兵能够在短时间内迅速掌握其他班组武器的使用方法。

但枪族化理念也并非毫无缺陷，正是由于采用了与步枪统一的口径和结构，使除步枪外的其他班组武器，势必在性能上会弱于其他的专项研发武器，采用步枪弹药和自动化结构的狙击步枪，自然无法与使用特制狙击弹的狙击枪相媲美。而班用机枪也会暴露出射程较近、火力不足的缺点。

AK枪族典型代表——AK-47突击步枪

　　总而言之，枪族化是世界上多数国家的共识，在应对大规模战争中班组武器弹药通用、部件通用方面有着巨大的优势。

同属 AK 枪族的 AK-74 突击步枪

M16 枪族部分枪型对比（由上至下分别是 M16A1、M16A2、M4A1 卡宾枪、M16A4）

NO.2　影响枪械寿命的因素有哪些？

我们常常在影视剧中看到主角从一开始就使用的枪械，能一直用到剧终，好像枪械没有寿命一样。在现实中，枪械也是有寿命的。枪械的寿命主要是受高温、高压，子弹对膛线的磨损等影响，所以一般枪械的寿命都是由发射的子弹多少来定的。

一般的手枪寿命是 3000 发左右，小型手枪的寿命在 1500 发左右；霰弹枪的威力非常大，每射击一发子弹对枪膛损害很大，它的寿命要比一般的枪械短得多，大概射击 1000 发子弹就报废了；普通步枪的寿命一般在 10000 发以上，也有一些性能特别好的步枪，寿命更长一些，可以达到 20000 发以上；狙击步枪的精准度非常高，杀伤力非常大，射击的时候对枪膛的损害自然较大，它的寿命也要比一般的枪械短，跟霰弹枪差不多，通常在 1000 发左右；冲锋枪的寿命跟步枪差不多，但是冲锋枪的射速比步枪快很多，一般其寿命在 10000 发以上，20000 发以下；机枪的寿命一般在 15000 发左右，由于机枪的射速非常快，战斗的时候，15000 发子弹很快就会打完。不过，机枪还是可以更换枪管继续使用的。

正在猛烈射击的美军 M2 重机枪

　　一般用以下三个条件之一作为枪械寿命终了的判定标准：①故障率超过战术技术指标（一般规定为 0.2% ～ 0.4%）或出现不允许故障；②枪械的主件如枪管、机匣、枪机、受弹机、击发机、枪架等，产生人眼可见的裂纹、破损、变形，失去工作能力或维修费用过高，不值得修复；③枪管弹道性能降低超过允许值。

美军狙击手在高海拔地区使用狙击步枪

美国海军陆战队军官使用 MP5 冲锋枪

NO.3 军队里面采用的弹匣有哪些？

　　弹匣是一种供弹装置，也就是枪支用于存储子弹的一个匣子，子弹在压入弹膛之前就放在那里。弹匣的主要作用是容纳子弹，并在射击时及时地将子弹托送、规正在预备进膛位置，通常由弹匣体、托弹钣、托弹簧和弹匣盖组成。弹匣安装在枪机轴线圆周某个方向上，一般均为可卸式，外观呈盒状，使用时由内部的托弹簧和托弹板共同作用将其中的枪弹逐发推出为武器供弹。现代军队使用的弹匣种类较多，具体分类方式有以下几种。

现代军用弹匣及子弹

直排弹匣

　　按进弹类型区分，弹匣主要可分为单进与双进，即同时有几排枪弹进入供弹位置。也经常和弹匣排数共同区分出，如：单排单进、双排单进、双排双进、四排双进等。单进广泛用于手枪和部分冲锋枪（毫无疑问所有单排弹匣都是单进），优点是有利于减小武器宽度，缺点是可靠性较低；双进广泛用于冲锋枪、自动步枪和少数手枪（比如斯捷启金 APS 冲锋手枪采用 20 发双排双进弹匣），可靠性较高，而体积也相应增大。例如，AK 系列、AR-15 系列等现代步枪采用的是双进弹匣（双排双进），大部分大容量现代手枪和斯登、M3"黄油枪"等冲锋枪采用的是单进弹匣（单排单进）。

APS 手枪

AR-15 手枪分解图

AK-47 手枪

弹匣的不同种类主要是由子弹的不同形状与装弹的多少所决定的。手枪弹基本是直壳（弹壳锥度很小甚至没有）钝型弹头，如著名的 9 毫米帕拉贝鲁姆弹。这样，手枪弹压进弹匣时，子弹可走直线紧密地排在一起，不影响弹匣的空间。所以，手枪弹匣一般都设计成直的，包括一些使用手枪弹的卡宾枪，如以色列的乌兹冲锋枪。

一战爆发时，英国人使用的步枪，由于弹匣容量只有 10 发，因此在射手趴在战壕里面射击的时候不会影响其射击姿势，所以弹匣也是直的。到了二战的时候，美国 M1"加兰德"步枪的弹匣也是直的，因为当时主要依靠机枪进行火力压制，步枪只是补充射击，因此步枪的弹匣容量并不大。

二战结束以后，由于步枪承受的战术任务越来越重，因此步枪的弹匣容量也越来越大。于是，一些新式步枪将弹匣变弯，以便增加弹容量。同时步枪弹大多设计为有一定锥度的形状，如果锥度大的子弹也用直线排法，就会影响弹匣的空间利用，弹壳上部与弹头部分的弹匣空间会被浪费。而设计成弯弹匣，正好可以充分利用弹匣的空间，还能尽可能地多装弹，装弹越多，弧度也越大。

9 毫米帕拉贝鲁姆弹

士兵正在使用 M14 手枪执行任务

NO.4　现代枪支常见的供弹具有哪些？

供弹具（或称供弹装置）是枪械供弹系统的重要组成部分，在很大程度上决定着整个武器系统的可靠性，因为它有 30%~70% 的常见故障是在供弹过程中发生的。对供弹具而言，合理的设计不仅能使供弹流畅而稳定，还能有效地简化供弹装置、减轻全枪重量。

历史上曾出现过的供弹具种类繁多，但在二战期间现代供弹具的基本种类已经确定，主要包括弹仓、弹匣、弹链和弹鼓。

- 弹仓

弹仓是指枪械上用于容纳射击备用枪弹，并能以其推力将枪弹逐发输送到预备进膛位置的容器。弹仓是最早出现的枪械供弹装置，它是固定在枪械上的，装填时射手直接将弹药装进弹仓然后射击，子弹打完后必须重新装填，不能直接与备用的供弹具替换。

使用弹仓装弹的步枪

- 弹匣

弹匣是枪上用于存储子弹的一个匣子，通常是一个可以拆卸的小盒，有弧形弹匣和直弹匣两种，子弹在压入弹膛之前就放在那里。弹匣的主要作用是容纳子弹，并在射击时及时地将子弹托送、规正在预备进膛位置。它通常由弹匣体、托弹钣、托弹簧和弹匣盖组成。弹匣体是用铁合金皮压制而成的，但也有使用工程塑料制成的，其四周较薄，通常在表面有加强筋来增加其结构强度。以双排双进弹匣为例，其托弹钣由两级台阶构成，这种台阶可使子弹在弹匣内成双行交错排列，托弹钣在弹匣内四周的游隙很小，当枪机后退到推弹凸笋并越过弹匣装弹口时，托弹钣在托弹簧的作用下将弹匣内最上面一发子弹托送到装弹口并与弹匣体的弯部相配合，将子弹规正在预备进膛位置。当枪机前进时，推弹凸笋将装在预备进膛位置的子弹推进枪膛，从而完成托送、进膛的供弹动作。如果弹匣凹陷变形或生锈，就会发生托弹钣被卡死的现象，从而影响射击的顺利进行。

可拆式弹匣

- 弹链

弹链是把大量子弹以串联方式连接，主要提供给全自动速射武器以达到持续火力效果的枪械零件。弹链的主要目的是令机枪无间断地连续发射连串子弹。近代的机枪由于射速较高，标准弹匣无法获得持续火力效果，而大容量弹匣亦经常出现卡弹问题，原因是弹匣供弹过快令机匣导气量不足。弹链通常存放在弹链携行箱内，可挂于机枪侧面或底部，令装备轻型机枪、中型机枪或通用机枪的士兵作战时可携带大量弹药。

军用弹链

- 弹鼓

弹鼓是一种圆形的供弹具，因为类似鼓而得名，于冲锋枪、步枪或机枪上较为常见，不可称为弹盘。

枪械弹鼓特写

弹鼓的设计较传统的直排弹匣更为复杂，运作时弹药依靠旋转的内部拨弹轮由内至外到达供弹口。弹鼓最大的优势是无须更换供弹具可直接发射更多弹药，在全自动武器上使用具有更持续的连射火力。相对地，容纳更多弹药自然有比弹匣更大的重量和体积，弹簧力度亦更为强劲，部分弹鼓装填弹药时也需要专门附件，根据武器口径的不同，弹鼓的内部设计也相对不同。

　　一般常见的弹鼓可分作两种类型，分别为历史悠久的单室型及 1980 年出现的双室型。著名的 C-Mag 就是双室型的代表作，C-Mag 是一种左右对称排列的双室型弹鼓，采用塑料制造，两个弹室中间以弹匣适配器来连接，具有一百发弹药容量，比金属制造的单室型弹鼓更轻、更紧凑。

　　弹鼓的缺点是一旦发生故障，需要较久的时间排除故障，在使用上没有弹链可靠。

👉 NO.5　枪类瞄准镜有哪些类型？

　　望远镜式瞄具俗称瞄准镜，别称准镜和棱镜，是一种利用折射望远镜原理制作的光学瞄具。瞄准镜可用于各种需要精确观瞄的系统，但与其他形式的瞄具如机械瞄具、红点镜和激光瞄准器等一样，最常见的还是在单兵武器尤其是步枪上使用。瞄准镜的光学系统通常在合适位置配备有标线，能够给使用者提供精确的瞄准参照，其光学技术可结合其他光电原件在低光和夜视情况下使用。近年皮卡汀尼导轨的出现让瞄具的安装和使用更加方便，目前各国军队的制式步枪几乎都能装置光学瞄准镜。

二战期间德军瞄准镜

由于各种各样的瞄准镜都应用了光学、光电技术，因此，从技术角度来看，可以分为光学瞄准镜、光电瞄准镜和光电综合瞄准镜三类。

美军海军陆战队 M110 狙击步枪的瞄准镜

（1）光学瞄准镜：此类瞄准镜应用几何光学、物理光学原理和简单的光源及电路，结合机械装置，以实现精确瞄准。

4 倍光学狙击镜

① 望远式瞄准镜，该瞄准镜采用了伽利略或开普勒光学系统，具有放大作用，能够看清和识别远处的目标，适用于远距离精确瞄准和打击。

② 红点式瞄准镜，此类瞄准镜结构简单，体积小、重量轻、瞄准快。

③ 全息瞄准镜，其突出特点是只要全息片没有被全部遮挡或损坏，瞄准镜便仍可正常使用。

④ 激光照准器，其特点是瞄准速度快，对目标具有威慑力，激光器还可发出近红外光束，能与微光观察镜配合使用。

激光瞄准仪

⑤ 光纤瞄准镜，光纤束是柔性的且有一定的长度，可任意弯曲，因而可实现潜望观察、瞄准。

（2）光电瞄准镜：应用光电转换技术，实现目标的获取和指示。

① CCD 瞄准具，其原理是目标通过光学镜头成像在 CCD 光电传感器上，经过光电转换和电光转换，在显示器上再现目标影像，它主要由光学镜头、CCD 光电传感器、控制和分划电路、显示器组成。它主要是从隐蔽处观察、瞄准、射击目标，使士兵的人身安全得到有效的保护。

② 热成像瞄准镜，红外热成像瞄准镜，它不受天气影响，作用距离远，对烟、雾、尘埃等穿透性好，能识别伪装，由于其工作方式是被动的，所以不易自我暴露。

③ 微光瞄准镜，微光瞄准镜将利用光学系统采集到的微弱夜光，通过像增强器将光能量放大、成像，实现夜间瞄准。

（3）综合瞄准镜具，主要由昼夜光学系统、测距系统和计算机组成，综合应用多种光电技术和传感技术，实现高精度的目标定位定向、环境感知、激光测距、弹道解算、自动装标合一、实时信息传输，操作简单，反应速度快，瞄准精度高。

NO.6　枪械瞄准镜归零点的原理是什么？

枪械配上瞄准镜之后通常需要校枪，瞄准镜归零是指在一个常用的射击距离内将瞄准镜的分化线中心点与弹着点重合，这样在特定的距离上瞄准点所瞄的地方就是子弹命中点（当然会有偏差），归零距离之外的目标仍需要通过估算距离后使用瞄准镜上面的调节旋钮做进一步的调整，或者把瞄准镜里面的密位点作为瞄准依据。

归零点的原理，简单地说就是因为瞄准的视线是直线，而弹头抛射的路径是抛物线（近似，弹头会减速，还会受到马格努森效应产生的抬升力），二者不但有高差，还有角度差异，并不是所有在瞄准视线上的点，都能被弹头击中，为了找到一个供瞄准参考用的基准点，就要归零。

狙击步枪瞄准镜归零

NO.7　枪管长有什么好处?

　　枪管特指枪械上两个瞄准器之间的枪管表面,分滑膛枪管和线膛枪管。枪管为枪械的主要组成零件之一,通常是以耐热不易变形的金属管打造而成,连接在膛室,当子弹被击发的同时,因火药爆炸或气压所产生的膨胀气体,又或其他动力,会推动弹头通过枪管,最后成为高速的投射物射出。如果子弹击发时,高动能的子弹无法顺利滑出枪管,便会造成所谓的"膛炸",有致命的可能。其原因很多,例如枪支本身的设计不良、枪管粗制滥造、枪管中有足以阻挡子弹射出的障碍物等。其中最后一项可以通过日常保养避免,因此清理枪管是枪支维护的重点工作之一。理论上枪管越长,子弹出膛以后速度越快、威力越大、射程越远。为发射药引爆后气体在枪膛内推进弹头,只要弹头不冲出枪管就一直被加速推进,被加速推进的时间越长,出膛速度就会越快。最初枪械只有滑膛枪,子弹在枪管中来回撞击,精度很差,距离一远就难以命中。而现代枪械都是线膛枪,即它们都有膛线。膛线就是枪管内壁上的几道或十至二十道螺旋的阴线和阳线,它们和弹头配合,在击发后弹头在枪管内按膛线给出的轨道发生转动,最终使发射的弹头绕轴线自转,以保持子弹的平稳和运动直线性。这样就可以提高射击的精准度和射程。枪管在一定范围内越长，因膛线所带来的自转转速越大，因此精准度、射程，杀伤力都会大大提高。除此之外，枪管长还可以提高子弹的初速度，提高枪的射击精度。

6XC
16.2 lbs.

6.5 Creedmoor
14.1 lbs.

308 Win
6.2 lbs.

300 Norma Magnum
15.7 lbs.

四种不同口径枪械枪管对比

NO.8　枪刺是如何发展而来的?

刺刀又称枪刺，是装于单兵长管枪械（如步枪、冲锋枪）前端的刺杀冷兵器，用于白刃格斗，也可作为战斗作业的辅助工具。刺刀由刀体和刀柄两部分构成。按形状可分为片形（刀形或剑形）和棱形（三棱或四棱）两种。按其与步枪的连接方式又可分为能从枪上取下装入刀鞘携行的分离式和铰接于枪侧的折叠式两种。分离式刺刀多呈片形，有的刀背刻有锯齿，并能与金属刀鞘连接构成剪刀，具有多种功能。现代刺刀一般刀长 20～30 厘米，它在近战、夜战中仍有一定作用。

一战时期德军的刺刀训练

13 世纪中叶，火枪传入欧洲，此后，军队出现了大批火枪手。当时使用的前装式火枪，装填和发射 1 发弹药通常需要 1 分钟，所以火枪手往往需要旁边有长矛手提供保护，以防敌对士兵袭击。火枪手自己也需在火枪之外，再配备一把刀剑或一支长矛。16 世纪中叶，欧洲便出现了在猎枪上安装矛头用于刺杀猎物的发明。

关于真正的刺刀的诞生，欧洲有两种说法：一种说法是由一名不知名的法国人于 1610 年发明的；另一种说法是由法国军官马拉谢·戴·皮塞居于 1640 年发明的。但这两种说法都认为世界上第一把刺刀的诞生地是法国小城巴荣纳（Bayonne），所以欧美把刺刀叫作"Bayone"。这种最早问世的刺刀为双刃直刀，长约 1 英尺，锥形木质刀柄也长约 1 英尺，可插入滑膛枪枪口。不管皮塞居是不是第一把刺刀的发明人，他确是最早将这种插塞式刺刀装备部队的人。1642 年，已成为元帅的皮塞居在率军进攻比利时的伊普尔时。为手下的火枪手配备了刺刀，这样就无须再用长矛手来保护火枪手了。但是，插塞式刺刀存在连接不牢，妨碍射击等缺点。法国军事工程师、陆军元帅德·沃邦于 1688 年又发明了用专门套管将刺刀固定在枪管外部的套管式刺刀。1703 年 11 月 15 日，在德国西部的斯拜尔巴赫河会战中，法国步兵首次上刺刀冲锋，战胜了普鲁士军队。这以后，刺刀广泛装备了欧洲各主要国家的军队，长矛从武器装备中被淘汰。

二战期间英军士兵及枪刺

后来，各国军队对刺刀进行了许多改进和完善。20 世纪 50 年代后，随着步枪的自动化和战场上各种火力密度的增加，刺刀的作用和地位日趋下降，但它仍是步兵进行面对面格斗所不可缺少的利器。

正在训练刺杀术的美军海军陆战队员

NO.9　枪械消音器的工作原理是什么？

　　消音器是一种附加于枪械上的装置，用来抑制枪械发射时所产生的噪音和火光。消音器通常是一条安装在枪管上的呈圆柱状的金属管，不同的产品具有不同的内部构造，抑制声音的方式也各有不同。

最早的消音器由马克沁机枪制造者的儿子发明

　　绝大多数消音器的原理是使枪管内的高压气体在喷出枪口之前相对缓慢地膨胀，由于降低了气体喷出的速度，噪音就会显著降低。这个过程就如同慢慢打开一罐碳酸饮料时听到的"嗞嗞"声，而不是通常的"啪"声。有些消音器也会采用和摩托车消音器类似的结构，即通过包体内部反射面的设计来增加音波的反射，使声音通过散射被消减掉。这种精细复杂的设计自然增加了消音器的设计和制造难度，因为它们需要非常精密的切割和组装工艺。由于这个原因，这类消音器通常体积较大，主要用于为大口径步枪提供强力消音功能。

步枪消音器的截面图

　　在一些电影作品中，消音器可以完全消除武器的声音，这其实是一个误区。实际上，即便使用了消音器，在相当远的距离也仍可听到射击的声音。

　　大多数消音器可通过将螺纹结构反向旋转而从枪管上拆除，另一些消音器则是和枪管连在一起的，例如那些通过释出填药的气体来降低弹药速度的消音器，只能通过拆除枪管来拆除消音器。这类消音器通常称为整体式消音器，它们比可分离式消音器更粗，在承受扭力时不易产生弯曲。而对可分离式消音器来说，在安装时不能出现丝毫差错，否则就会导致消音器与弹头接触，从而严重影响射击精度，最糟糕的情况是射出的子弹把消音器从枪管上击落。

消音器基本上可以在所有枪械上使用

除了消减噪音，消音器还有其他作用。它能改变射击的声音和声音的散播方式，因而增加了确定射手位置的难度。多数消音器还可有效地减轻后坐力。消音器还可使射出枪管的高温气体足够冷却，以使从枪管喷出的铅蒸汽的绝大部分在消音器内部冷凝，避免射手及其周围的人大量吸入铅蒸汽。在不使用消音器时，像 M4 卡宾枪这样的短枪管步枪在室内或走廊里射击时的枪声非常响亮，它会使射手和周围的人感觉很不舒服，不仅影响他们的注意力，还有可能对听觉造成永久性损害。而消音器可降低枪声造成的类似冲击波的压力效应，能有效避免上述问题的出现。

使用中央式底火步枪的猎手发现消音器带来的许多重要优点要远远超出它在枪体外观、额外重量和枪械平衡性方面造成的负面影响。由于可减少噪音、后坐力和膛口气体，这可使射手能在平静地完成首次射击后不必过多停顿而仔细瞄准进行后续射击。因为能减弱推进气体在弹头从枪口射出时产生的湍流，优质的消音器还能轻微地提高射击精度。不过，在战地里，如果碰在石头上或是蹭到植物上，这种大而中空的步枪消音器的"钟体"会产生讨厌的巨响而把动物吓跑，所以很多使用者只好给消音器装配贴身的胶皮套筒。

带有消音器的突击步枪

带有消音器的M16

军用步枪，如M16突击步枪，使用消音器也有很多好处。因为诱导气体的排溢，消音器能显著减少后坐力。这些气体的质量只比射体质量的一半稍轻点（前者大约 1.6 克，而后者才 4 克），其喷出枪口的速度达到射体速度的 2 倍，这能使射手感觉到的后坐力减少 50%。消音器的重量，一般是 300~500 克，虽然对减少后坐力有些贡献，但是明显偏重的消音器也的确会打破武器的平衡性。消音器还具有一个常被忽视的好处，就是可将射击闪光减少达 90%。如果战斗发生在夜间的话，通常会训练士兵辨识射击闪光，而在战斗时他们会朝出现闪光的位置开枪。军队配发给士兵的消音器和他们的步枪配套的消音器都有着常被忽视的缺点，就是其重量和长度。对 M16 步枪来说，这增加了 380 克的重量和 10 厘米的长度。对打靶来说消音器也很有用，因为减少噪音能防止枪械对使用者耳朵的损伤。

NO.10　哪些枪械可以安装消音器？

消音器又称抑制器，是一种附加于枪械上的装置，可用来降低该武器射击时所产生的爆炸声和火光，通常它是安装于枪管上的呈圆柱状的金属管。虽然抑制器常被称为消音器，但是实际上，所有抑制器都不能完全使枪械射击时消声，使射击完全静音。

加装了消音器的俄罗斯 VKS 狙击步枪

消音器一般可分为两种，一种是可快拆消音器，一种是一体式消音器，其实一体式消音器也可以拆卸，不过非常麻烦，除非是维护保养，一般都不会拆卸。在相同条件下一体式消音器效果要比可拆式消音器好。一体式消音器通常配置在自动射击武器或者是特种武器上面，手枪由于其独特的后坐原理，一般是不能使用一体式消音器的。

消音器自从发明以来，原理就没有发生过变化。手枪的消音器基本上都是通过自紧螺纹直接跟枪管连接。无论是步枪还是手枪的消音器都是让火药燃气通过消音器的空腔，让燃气的速度通过空腔时瞬间衰减并且反复折射，在子弹飞离枪管后达到燃气消音的目的。

消音器安装于使用亚音速弹药的手枪或冲锋枪时，可将射击时产生的噪音减弱为一种响亮的噼啪声，听起来像是木工在钉木板时所使用的射钉机发出的噪音，通常枪机运动的噪音会比枪口实际发出的爆炸声大。但是在口径非常小的武器上，例如，使用口径为 5.6 毫米这样的手枪或者冲锋枪时，发射子弹时所产生的爆炸声会真正地被消除掉。

装有消音器的枪械

步枪在使用消音器时，尽管爆炸声被减弱了很多，但一般来说仍可在数百米外听到枪声。与不装抑制器的区别在于，装了抑制器的步枪在发射子弹时，产生的爆炸声会有很大改变，会在某种程度上使之听上去不像是枪声，所以会降低或者消除来自敌方的警觉或注意力。

无论是什么消音器，都要配合亚音速子弹使用才能达到最高效的消音效果，否则便只是一款普通的匿踪器。

装上了消音器的 HK Mark 23 手枪

消音器拆卸图

NO.11　消焰器的产生原理以及分类有哪些?

消焰器指装置在枪口的部位，发射时减少膛口火光的装置。膛口安装消焰器后，一部分没燃尽的火药微粒在流入消焰器内得到燃烧，因此减少了一次焰；同时氧化不完全的气体在消焰器内，使二次焰在消焰器内部形成，不致暴露在外界，达到隐蔽枪手的目的。

枪（炮）口焰统称膛口焰。膛口焰是从膛口流出的高温火药燃气因热辐射以及与可燃混合气体燃烧而产生的可见光。其既有物理属性也有化学属性。从物理属性上看，火药燃气因有足够高的热量而辐射发光；从化学属性上看，它经历了燃烧过程。

膛口焰按时间和空间的顺序可分为五种，即前期焰、初次焰、膛口辉光、中间焰和二次焰。其中初次焰、中间焰和二次焰具有一定的独立性，是消焰器抑制的主要对象。初次焰是指刚出膛口的火药燃气因热量非常大、温度非常高而辐射出的可见光。中间焰是指燃气通过激波瓶后，原来已膨胀的燃气又经过激波的压缩，压力和温度突然升高，因而产生燃烧的可见光。二次焰是指火药燃气在膛口气流区外围的紊流区，与周边空气混合后燃烧产生的强烈火光，这是膛口焰中最强烈的一种。

由膛口焰产生的原因可知，抑制膛口焰主要是避免或限制膛口火药燃气产生的激波加热和燃烧。因此消焰器的原理就是首先使火药燃气在消焰器内充分膨胀，降低出口处的压力和温度，以减小初次焰。同时使火药燃气通过膨胀、收敛和分流等过程，改变火药燃气在消焰器出口的状态，破坏或减弱激波，以减小或消除与周边空气混合燃烧的程度，达到减弱或消除中间焰和二次焰的目的。

M16A1 突击步枪

一战和二战期间，对消焰器的研究一直在进行，但进展不大。这时的消焰器主要是锥形的，它曾被广泛地应用在机枪和小口径火炮上，例如捷克ZB26轻机枪和ZB53重机枪采用的消焰器，以及苏联DP机枪、德国MG34和MG42机枪的消焰器等。MG34和MG42机枪的消焰器还兼有助推器的作用，它是靠枪口端的一个小气室使高压燃气对枪管起助退作用的，这是管退式武器中常见的一种形式。这时的消焰器性能均不理想，其主要原因是当时人们对枪（炮）口焰产生的机理了解不够，同时也缺乏必要的测试手段。二战后，美国、联邦德国和苏联等国对膛口焰的形成机理及抑制技术做了长期系统的研究。这一时期，除了改进锥形消焰器外，还出现了其他各种类型消焰器。现代消焰器已能较显著地消除膛口焰，有的甚至在夜间射击也不易暴露阵地。

M16（上）与M16A1（下）拆解对比图

按照消焰器的结构特点，可将消焰器大致分为以下几种类型。

1）遮光罩

这是一种圆锥角大而短的锥形膛口装置，因其圆锥张角大，使出口的火药燃气膨胀度大，压力、温度下降较快，从而减小了初次焰和膛口辉光。但也因其锥角大尺寸短，使消焰器出口处产生了较强的激波，反而加大了中间焰和二次焰。由于其消焰效果不佳，后来被锥形消焰器所取代。

2）锥形

锥形消焰器，其结构与锥形遮光罩看似相同，但其圆锥角小，锥形尺寸长，这从根本上克服了锥形遮光罩的缺点。因激波强度与膛口的锥度有关，出口锥角越大产生的激波越强，激波波阵面后的温度和压力也越高，因而对消焰不利。实验证明，当锥角为 8°～ 20° 时激波的影响较小，因此过去的锥形消焰器的锥角一般都在这个范围内。由于消焰器的锥度有限制，长度也不能太长，为了增加膨胀度，提高消焰效果，在消焰器侧壁上开许多小孔，使部分气流自侧孔排出，这样就加大了总的膨胀度。

3）圆 / 筒型

圆柱形消焰器内截面积较大，燃气能充分膨胀，使温度容易降低，这是对消焰有利的一面；但火药燃气从枪口进入消焰器是突然膨胀，容易产生激波，而且截面越大激波越强，又对消焰不利。因此要合理选择内径尺寸。为了改善消焰效果和减小内截面，在圆柱形消焰器侧壁上开长槽或孔，消焰效果良好，在圆柱形消焰器的底部开有向后的通气道，这种前后贯通的消焰器就叫筒形消焰器。苏联 3Y-23 双管高炮就采用这种消焰器。在底部开孔，是为了避免双炮管上 2 个消焰器排出气流的相互干扰，从而影响射击精度。这种消焰器也是通过改变燃气的膨胀和流向，控制激波强度，以达到减小中间焰和二次焰目的的，但也容易点燃消焰器筒内的混合气体，增大初次焰，所以消焰效果不够理想。

士兵正在使用 M16A2 进行射击

4）叉形

叉形消焰器是二战后发展起来的，美国 M165.56 毫米步枪采用的就是这种消焰器。叉形消焰器的内腔一般有锥形过渡段，其内角约为 20°，叉的数目最好是奇数，以免产生共振。火药燃气在叉形消焰器中先经锥形段稳定膨胀，再经圆内腔和若干条缝槽连续膨胀，后经侧孔和前孔流出。这样叉形消形消焰器可控制燃气的膨胀和流量，削弱激波，有效地消减中间焰和二次焰。适当选择叉条和缝槽的尺寸和方位，还可使消焰器兼有制退和防跳的作用。

L1A1 半自动步枪

5）组合式

组合式消焰器也是二战后出现的新型消焰器，其综合利用上述几类消焰器的特点，将其中 2 种或 2 种以上的结构组合起来，故称为组合式消焰器。

这类消焰器一般兼有制退、防跳或消音的功能。其种类较多，有圆锥狭缝组合消焰器、混合狭缝组合消焰器、收敛狭缝组合消焰器、收敛锥形组合消焰器、多腔锥形组合消焰器和收敛扩张锥形组合消焰器等。圆锥狭缝组合消焰器是锥形消焰器和叉形消焰器的组合，其外形是圆柱状，内腔为圆锥形，侧面开有狭缝纵槽，纵槽由里向外有一定张角。该装置集中了锥形和叉形两种消焰器的优点，尺寸不大但消焰效果良好。狭缝侧流使其兼有制退作用，采用不对称的下方不开槽结构又可起防跳作用。美国和欧洲各国的步枪、冲锋枪和机枪广泛配置这种消焰器，如美国的 M16A1 突击步枪、M16A2 突击步枪和轻机枪以及英国的 L1A1 半自动步枪等。

L1A1 拆卸图

L1A1 半自动步枪

NO12　枪口制退器的功效有哪些？

　　枪口制退器是一种减小枪口后坐能量的枪口装置。制退器后喷的火药燃气能产生较大的冲击波、声响和火焰，容易对射手造成伤害，故在手持式枪械上较少使用，多用于大口径机枪。

　　枪口制退器装在步枪枪口，将部分排出的废气改为后喷，提供向枪口前方的推力，以抵消部分后坐力，装上后枪口向两旁的喷气以及噪音都会增加。

　　枪口制退器的另一个好处是抑制枪口上扬，这对于重新瞄准非常关键，尤其是对自动武器来说。一般步枪的后坐力可以由射手控制（例如缠绕枪背带），显然效果不是很理想，因此自动武器或者是大口径枪械对于制退器的依赖可想而知。

　　枪口制退器的主要作用是减小射击时自枪口高速射出的弹头和火药燃气的反作用力造成的枪身后坐。其外形一般为圆柱形或圆锥形，内部有制退腔，火药燃气在其中膨胀，有的制退腔被隔板分成几个室，称为制退室。其前方有中央弹道，以便弹头通过，侧方有若干边孔，边孔道与枪膛轴线成一定夹角，火药燃气经边孔喷出枪外。

装有枪口制退器的史密斯 - 韦森 M500 手枪

　　枪口制退器减少了火药燃气经中央孔道向前喷出的冲力及速度，降低了火药燃气对枪身后坐的加速作用；部分火药燃气向前冲击制退器内壁并从边孔道向侧后方喷射，对枪身产生向前的反作用力，进一步制止枪身的后坐。制退器效率一般以其减少的后坐冲量（或后坐能量）与枪械原有的后坐冲量（或后坐能量）之比来确定。它的大小与制退器的直径、长度、锥角、边孔道倾角及面积等有关，有的制退器效率可达 30% 以上。

AKM 突击步枪枪口制退器特写

士兵使用的巴雷特 M82 狙击步枪装有指向性的枪口制退器

NO.13　膛线的工作原理及分类？

　　膛线，又译作"来复线"，是现代炮管及枪管的管膛内壁上被锻刻加工成的呈螺旋状分布的凹凸槽，可使子弹在发射时沿着膛线作纵轴旋转，产生陀螺仪效应以稳定弹道，因而能更精确地射向目标。膛线下陷中空的地方称作阴线或阴膛，凸起部分成为阳线或阳膛（land，在多边形膛线中称为hill），枪支的书面口径通常指的是一条阳线与其正对面的另一条阳线间的距离，因此子弹弹头的直径通常大于枪支的口径。弹丸在膛线的作用下旋转，这与高速旋转的陀螺运动原理相同。弹轴相当于陀螺轴，弹道切线相当于垂直轴，弹丸飞行中的张动角相当于陀螺的摆动角，弹丸的质心相当于陀螺支点，空气作用于弹丸上的翻转力矩相当于陀螺的重力偶矩。当弹丸在膛内运动时，膛线就会迫使它高速旋转，并且在翻转力偶矩的作用下，除自转外，还以其质心为中心绕弹道切线做圆锥运动，使弹轴与弹道切线始终保持很小的摆动角，（弹道学上称为张动角）而不至于翻倒，从而保证了弹丸的稳定飞行。如果枪膛内有膛线，弹头就会在穿过枪膛时产生纵轴自转，使弹头出膛后螺旋转动飞行，通过陀螺仪效应可以保持角动量守恒以增加弹道稳定性、有效射程和终端杀伤力。在以前，线膛武器是不能使用尾翼稳定弹药的。但是弹药技术的提高（滑动弹带、改进型弹托等技术）解决了这个问题。

　　膛线主要可以分为两类：阳膛线与阴膛线两种设计，大炮主要使用阳膛线，携带式枪械主要使用阴膛线，阳膛线加工较困难，膛线没有一个既定数目，可有2条、4条、6条、8条甚至于更多，但一般常用的有：4条（手枪、步枪等）、6条（狙击步枪等重视精度的枪械）、8条（机枪），另有简化版武器只使用2条膛线（比如二战英国的斯登冲锋枪和美国春田M1903简化版步枪）。膛线根据旋转的方向可分右旋、左旋（从射手方向看去），右旋膛线比较普及；虽然膛线的数目没有一个既定标准，不过其深度只能在固定的范围内；膛线按截面形状可分为矩形膛线、梯形膛、弓形膛线、圆弧形膛线、多弧形膛线、多边弧形膛线等。早期黑火药时代膛线普遍比较浅（因为黑火药残渣多，并且使用铅弹头），后来产生多种膛线，当今比较流行多弧形膛线、多边弧形膛线等优质膛线，可以提高武器精度和初速，并可减小火药烧蚀而提高寿命。

90毫米M75加农炮的常规膛线

一支 105 毫米皇家军械 L7 坦克炮的膛线

常规膛线（左）和多边形膛线（右）

法国 19 世纪的大炮中膛线

NO.14   多边形膛线和传统膛线有何区别之处？

多边形膛线（polygonal rifling）虽然很早就出现了，但是在 19 世纪末线状无烟火药弹药刚出现时就已经很少使用。多边形膛线的原理最早是在 1853 年由著名的英国发明家约瑟夫·惠特沃思爵士（Sir Joseph Whitworth, 1803—1887 年）提出的。当时惠特沃思正在试验在火炮上应用六边形炮管，并且在 1854 年申请了专利，但是英国军方在 1856 年拒绝采用他的设计，惠特沃思因此转而将该设计应用到了步枪上，试图取代当时已服役的 1853 式恩菲尔德步枪。美国南北战争时期，南军的神枪手使用装配了多边形枪管的惠特沃思步枪（Whitworth rifle）在战场上取得了很大成功，甚至在 1,000 码（910 米）的距离外一击狙杀了北军在战争中阵亡的最高将领约翰·塞奇威克将军（John Sedgwick，1813—1864 年，生前最后的一句话是"这么远的距离，他们连大象都打不到"）。惠特沃思步枪远超同时期其他枪型（比如夏普斯步枪）的远程精度使其成了"神枪手"的代名词，并且被后世定义为最早的一款真正意义上的狙击步枪。最后两款大批量使用的多边形膛线步枪是英国的李-梅特福步枪（Lee-Metford rifle）和日本的有坂铳。当线状无烟火药开始取代黑火药时，因为当时用来制作李-梅特福枪管的金属材料太软，膛喉磨损太严重无法适应新式火药，因此整个多边形膛线枪管设计被取缔，在西方几乎销声匿迹，李-梅特福步枪也随即被改制成了传统膛线的李-恩菲尔德步枪。

从枪管观察未复线

枪管内部未复线特写

炮管特写

　　二战期间，为了能够快速生产大量可靠耐用的枪管而开始批量使用新发明的冷锻法，多边形膛线又出现在 MG42 机枪上。二战结束后，许多德国的军火商还在继续推出有多边形膛线的枪械，比如，莱茵金属的 MG3 通用机枪，以及黑克勒 & 科赫的 G3A3 步枪、SL7 半自动步枪和著名的 PSG-1 半自动狙击步枪。许多以手枪设计著名的欧洲公司，比如，黑克勒 & 科赫、格洛克、乌尔斯基·布罗德、瓦尔特等，都推出了多边形手枪管，使多边形膛线的设计开始变得更加多样化。

G3A3 步枪

拆卸后的 G3A3 步枪

SL7 半自动步枪

PSG-1 半自动狙击步枪

PSG-1 半自动狙击步枪正在展出

但多边形膛线对比传统膛线，具有下述 5 点优势。

（1）枪管结构的一致性和强度更佳，对应力集中效应的疲劳极限更高。

（2）枪膛气密性更佳，具有更高的子弹初速。

（3）对弹头外形的压划形变更少，具有更高的外弹道精度。

（4）膛线磨损更轻，具有更长的枪管寿命。

（5）能够残留在膛线缝隙中的炭末、铜屑等污垢更少，更容易清理。

而更偏爱传统膛线的人则指出多边形膛线的不足之处有下述 3 点。

（1）制造工艺上依赖冷锻法，因而器材上的初期投资过于昂贵，而且需要做复杂的高处理，因此中小型规模的制造厂家（绝大多数枪匠）出于成本考虑无法染指。

（2）因为多边形膛线对弹头的接触面更大，如果使用无背甲的铅弹头，铅粉更容易"涂抹"囤积在膛壁上，因而增加了膛壁的摩擦系数和发射时的膛压，使理论上的炸膛风险更高。虽然没有任何实际依据证明所有多边形设计的积铅率都高，但推广多边形枪管最为积极的格洛克公司出于谨慎已经公开告知用户避免使用裸露的铅弹头。

（3）多边形膛线对弹头压划造成的形变大大低于传统膛线，因此会使法医学上的弹道鉴定更为困难，增加对枪支犯罪侦查的难度并降低执法机构的办案效能。

NO.15　枪支的膛线是怎么制造出来的？

膛线可以说是枪管的灵魂，膛线的作用在于赋予弹头旋转的能力，使弹头在出膛之后，仍能保持既定的方向。虽然在 15 世纪就有使用膛线的记录，但是由于制造工艺的原因，直到 19 世纪才得以普及。现代枪支膛线的制造方法主要有以下几种。

- 刮刀法

刮刀法即用一根比手枪内径略细的钢棒，在它的特定部位刻挖一个槽，安装一块硬质合金钢片，钢片上有一条或两条凸出的有一定倾斜角的带状体，前端有利削部，并可调节凸起高度。在一条膛线位置上来回拉动数十次，就可切割出一条阴膛线，然后调整位置再切刮下一条。通过这种方法切奇数或偶数的膛线一般用单刮刀，切偶数的膛线可以用双向刮刀，也可以在相对的位置安装单刮刀、双刮刀或三副刀，一次可切出 2~6 条膛线。

9 毫米口径手枪膛线特写

- 钩刀拉削法

　　钩刀拉削是把钩状切刀安置在比枪膛直径略细的钢拉杆上，钩形刮刀刃的高度可以通过调节拉杆层部的螺丝来调节。每拉动通过枪管一次，拉杆移动几微米。随着枪管的匀速旋转，拉削出一条阴膛线，达到预定宽度后，再换位置拉第二条膛线。早期的线膛枪拉一条阴膛线只要拉削 20 次左右，而一支较好的枪拉削同样的阴膛线要 100 次左右。拉的次数越多，形成的拉槽越细，越精密。

从枪口观察膛线

- 组合环形刀拉削法

　　组合环形刀拉削是在一根拉杆上固定 25~30 个硬质合金钢环，每个钢环之间的距离相等，并有与阴膛线数量相同等距的刮刀，每把切刀可循其缠角与下一个环上的切刀相连，从头连到尾部即可视为一条螺形线。每一个环上刀刃的凸出度略大于前一个环，形成一组系列切刀，所开的槽具有稳定的宽度，深度和间隔，这种组合环形拉削刀通过枪膛一次，则可切削出全部的阴膛线，既缩短工作时间，又提高了产量和质量。

- 冷精锻法

枪管径向冷精锻成型技术实质上属于精密旋转锻轴工艺类型，是无切屑精密成型的方法。冷精锻工艺是在专业精锻机上，将枪管毛坯件一次煅打出线膛和弹膛，其内膛的精度有芯轴保证。由于精锻工艺可以提高枪管的强度、射击精度，进而提高枪管的寿命，减少初速下降，对提高枪械性能起到了关键作用。西方发达国家普遍采用精锻工艺，我国也于 20 世纪 80 年代后引进了这一技术。

NO.16 枪拉机柄被设计在枪右侧有什么特殊意义？

枪械属于危险系数较高的机械，而且其本身附带有极高的危险因素，所以设计时，对于其自身的安全性，要求也是非常苛刻的。

对于上膛的拉柄，其设计位置于左还是右，从设计师的角度来看，在结构上没有任何区别，唯一能够影响它置于左还是右的原因，就是安全。

日常生活中，对于精确控制的操作和用力较大的动作，我们大多数人都习惯用右手，包括举枪射击也一样，故而设计师会认为士兵有极高的概率是用右手扣动扳机的。

MP5 冲锋枪右侧持枪特写

    如果这个时候，设置的上膛动作，可以使用左手，必然会在一些特殊和危险的场合，导致右手还在扳机位，而左手去上膛，这样的操作极易造成误扣扳机走火。在战场上执行特殊任务时（如隐蔽狙击等），这样由设计导致的操作失误，极有可能造成极其严重的后果。走火导致的误伤、提前暴露、延误战机，以及枪械炸膛、卡弹，都是致命的危险。

    因此，将枪拉机柄设计在右侧，士兵更多的时候使用右手去拉，当拉柄被拉动的时候，扳机位不会被误触。

    不过对于 HK 公司的 MP5 冲锋枪等一类采用半自由枪机、滚柱闭锁的枪械，由于其结构限制，不在机匣上安装拉机柄，因此将拉机柄安装在前护木位置。对于利用右手而言，用右手持枪，左手拉动则更为顺手，因此这些枪械的拉机柄是在左侧。

MP5 冲锋枪拆解图

MP5 冲锋枪

MP5 冲锋枪侧面特写

　　但是现在也有越来越多的枪械将拉机柄设为左右手通用，部分枪械还配上了可更换方向的抛壳窗，大大提高了其适用性。

NO.17　很多枪械采用黑色枪身的原因是什么？

　　枪色，一种铁黑色闪现寒光的色调，因为它是类似于钢枪表面的光色，故称枪色。这种气质高雅的色调已在装饰镀层中占有一席之地，并逐步得到推广应用。这种色调是电镀锡镍合金、锡钴合金或镍得到的。此色调在日本被称为步枪色，在欧美被称为枪黑色，枪色的新颖性在于它因枪色添加剂含量不同，可根据需要得到不同深浅的色泽。对于同一工件，各部位电流大小不同，枪色色泽差异较小。它不似黑镍，随镀层不断增厚，色泽依黄—橙—红—棕红—紫—蓝—黑变化，在黑镍镀液中是无法得到浅黑色的。至此，对枪色可以下这样的定义：枪色没有确切色泽，从浅黑逐步到深黑都称枪色，有金属光泽。

瓦尔特 PPQ 手枪

　　枪色镀层除色调优雅外，硬度可达 HV550 ～ 650，结晶细致无裂纹，耐磨性和抗蚀性都较好，在大气中不易变色。枪色镀液分散性能与覆盖性能也颇佳，适应形状复杂工件的电镀。电流效率达 85% 以上，虽比镀镍溶液差些，但在其他方面都优于镀镍溶液。操作管理方便，易于维护与保养。枪色镀层在成膜初期，镀层极薄而半透明，因光线透过和曲折反射产生了闪寒光的氛围。若再镀厚就会失去枪色这种半透明特性，所以一般厚度不得超过 5 厘米。正因为有如此奇妙的特性，枪色才能异军突起成为流行色。

而很多枪械采用黑色枪身则是枪支生产中常用的一种工艺——烤蓝／发蓝工艺决定的。其方法就是使用硝酸盐等化学药品在金属表面形成一层虽然很薄但是坚固致密的氧化物层，这样就可以保证枪支在恶劣的使用环境下不至于生锈腐蚀或者磨损，影响使用和美观。根据金属材质的不同（碳钢、不锈钢、铝合金）、化学药品的不同、施工程序的不同（温度控制、事前喷砂处理等）会产生不同的颜色。一般最常见的是黑色或者蓝色。当然步枪的材料一般是冷煅合金钢，烤蓝后一般呈现出黑色。不光是步枪，各种枪械，机床齿轮，大号螺栓等都必须经过这种处理。

瓦尔特 P99 手枪前侧方特写

枪械，金属造的较多，有的枪表面没有涂漆，所以将本身具有的颜色显现出来。再者想要通过在金属上涂漆造出紫色、蓝色等色泽其实是很困难的。黑色在色彩心理学上的解释是会给人一种稳重感，相比较而言，紫、蓝色则会显得比较忧郁。枪作为战斗的武器，选择黑色是毋庸置疑的。在不锈钢技术还没有成熟的时候，金属需要做防腐蚀的处理，会经过多道工艺让金属颜色暗下来，以此来减少反光。枪黑的优点很多，比如，可以使自身隐蔽性增强。军事作战中，有人会发现枪太亮会让自己视野不太清晰，这是因为光线影响了瞄准的精确度。而枪的出现，是为了消灭敌人，并不是作为炫耀品，所以越是隐蔽就越能显现其优势。此外，黑色的成本相对于其他颜色来说是廉价的，人类使用黑色许多年，这一习惯很难改变。不仅如此，士兵在外面训练，必会风吹日晒，枪在使用的时候会有很多东西附着在上面。这时候枪身的黑色算是一件衣服,可以很好地阻隔这些东西,进而防止金属零件的腐蚀。还有,黑色对光的反射很小,在作战中可以隐蔽。综合这么多因素,多数的枪就被换上了一身黑色。

瓦尔特 P99 手枪不完全拆卸图

瓦尔特 PPK 手枪及弹匣、子弹

工程塑料等材料用在武器的生产和制造上。著名的奥地利 AUG 突击步枪，大量使用了工程塑料，而且其弹匣同样使用的是高强度的工程塑料，不仅使枪体的重量大幅下降，而且其强度不弱于金属材料。而且塑料相对于金属等材料的好处在于，比较适合皮肤直接接触，比如在冬天寒冷条件下，金属将会非常冰凉，裸手直接操控会很难受甚至会出现粘连等问题，而含塑料材料的枪械就不会出现这些问题。当然，其实像各国仪仗队等部队使用的礼宾枪等，使用的依然是传统的木质枪身，原因就在于其外形美观，而且具有历史传承意义，可以预见的是在未来相当长的一段时间之内，这些木质轻武器依然将会发挥巨大的作用。

M1903 步枪不同角度特写

MG42 机枪

射击爱好者正在使用 MG42 机枪

PPSH-41 冲锋枪

PPSH-41 冲锋枪拆解图

PPSH-41 冲锋枪不同角度特写

NO.19　现代枪械的发展趋势是怎样的？

分析当代的几场战争，如海湾战争和两伊战争，很明显地可以看出战争模式已经由二战时大规模集群作战转变为信息化高技术凝集度的快速战争。

在战争初期，多是以大规模空袭开始。利用这种低战损率，快速而又有效的方式率先清除地面或空中的重要战略目标。然后，以进攻多方向的装甲师与机械化步兵旅团为主进入地面作战阶段。

在一些电子游戏中的枪械有可能指明了未来枪械的发展方向

在地面作战中，士兵多在装甲车中使用遥控枪塔对小目标进行攻击。而事实上，在伊拉克战争中，当步兵进入巴格达的时候，所有的有组织武装抵抗几乎全部瓦解，而士兵走在装甲车外巡逻前进也几乎不会受到什么攻击。可以说，早期的高强度、多批次、多方向空袭已经彻底摧毁了伊军的武装力量。只有在占领巴格达进行战后重建，受到游击武装的零散打击时，士兵才会依赖于手中的枪械进行小规模的作战。也就是说，真正的战争在初期是不会让士兵手持枪械承担主要攻击任务的，只有在小规模武装斗争比如对抗游击兵或进行特别行动时，才会让士兵承担作战任务。

有鉴于此，未来枪械会向小型化、智能化、大威力方向发展，其功能也会向单兵自卫武器转变。士兵的主要武器是战机、装甲车，而只有在这些武器无法继续使用的情况下，枪械才会发挥作用。

枪械的小型化

现在技术成熟的枪械多使用无托结构，如法国的 FAMAS 突击步枪和奥地利的 AUG 突击步枪。另外，使用无壳弹，减小弹药尺寸，也有利于枪械的小型化发展，目前只有德国的 HK 公司的 G11 使用无壳弹作为弹药。

FAMAS 突击步枪

FAMAS 突击步枪衍生型 FAMAS-F1

士兵正在使用 FAMAS 突击步枪

　　改变发射方式，也能够使枪械小型化。比如，完全摒弃现有的机械发射方式，应用电磁效应发射金属弹丸。这样就不需要发射弹药，也不需要复杂的机械结构，所需的只有一个电磁导轨和电源与电磁控制装置即可。采用此种方式发射，没有枪口火焰，因而在夜晚不会因发射后有火光而被发现；没有声音，因为不用发射药的爆炸而产生动力推进弹丸，因而不会使空气急速膨胀而发声，从而有利于隐蔽与突袭。但是，受到现有技术的限制，这种发射方式在单兵武器上应用比较困难。主要问题在于高温超导材料与高能量密集度储能单元都未出现，因而制约了发展。

具有可视化、智能化装置的枪械设计

枪械的智能化

　　枪械的智能化主要体现在弹药上。比如，让弹药发展成具有目标记忆追踪与自我路线修正能力的智能弹药。目前美国已经研制出这种弹药，但仍处于比较初级的阶段。未来，随着科技的进步，新材料的出现，将导弹小型化成枪弹，发射后士兵可以不再过问。这样不仅可以提高士兵的生存力，还可以提高射击准确度。此外，摒弃传统的用金属弹丸撞击目标进行杀伤的方式，使用诸如激光，中子射线，或者声波对有生目标进行杀伤可使之丧失战斗力。

德国 HK MP5 冲锋枪

德国毛瑟 C96 全自动手枪

美国柯尔特"眼镜王蛇"左轮手枪

NO.21　军队制式手枪大多是半自动手枪的原因是什么？

半自动手枪又称自动装填手枪，是指可自动装填、半自动发射的手枪，有时候也称为自动手枪。区别于全自动手枪，射手扣动一次扳机，只能发射一发枪弹，它通过火药气体带动枪机，推动套筒后退，完成抛壳和上膛两个动作。即使按压扳机的时间长一点，也不会打出第二发子弹。半自动手枪通常使用可拆式弹匣供弹，有空仓挂机装置，弹匣可携带 6 ～ 15 发子弹，部分型号的手枪甚至可装 20 发子弹。

目前，世界各国军队装备的制式手枪几乎都是半自动手枪。例如，美国军队的制式手枪是 M9 半自动手枪，德国军队的制式手枪是 HK P8 半自动手枪，奥地利军队的制式手枪是格洛克 17 半自动手枪。究其原因，其实是世界各国军队经过长期实战经验总结后的必然选择。

M9 半自动手枪

HK P8 半自动手枪

格洛克 17 半自动手枪

　　1892 年，奥地利率先研制出 8 毫米口径的舍恩伯格手枪，这是世界公认的第一把自动装填手枪。不过，早期的半自动手枪大多使用固定式弹仓或类似左轮手枪的弹巢供弹，因此没有太大的优势。1898 年，奥地利枪械设计师葛雷格·鲁格（Georg Luger）改良了他和雨果·博查特（Hugo Borchardt）合作设计的 C93 半自动手枪的可拆式弹匣，且不需要早期自动手枪那样的平衡装置，改良后的手枪被命名为鲁格 P08 手枪，并被德国军队选为制式手枪。鲁格 P08 手枪的设计成为半自动手枪的一种新指标。不久之后，美国枪械设计师约翰·勃朗宁（John Browning）发明了以套筒（滑架）上膛的半自动手枪，解决了早期半自动手枪因上膛不便所引起的安全性问题。

奥地利枪械设计师葛雷格·鲁格

C93 手枪设计师雨果·博查特

美国枪械设计师约翰·勃朗宁

　　一战爆发后，半自动手枪被多个参战国使用，因为半自动手枪在弹匣容量和射速方面远远超过左轮手枪，而且可拆式弹匣的设计能够很好地保护子弹。二战前夕，德国军队装备了具有双动扳机的瓦尔特 P38 半自动手枪，解决了鲁格 P08 手枪容易走火的问题。而约翰·勃朗宁也发明了双排式弹匣和更有效的闭锁机构，他所设计的勃朗宁大威力自动手枪也因此成为世界应用最广泛的手枪之一，因其精度良好、容弹量较大，至今仍在现代手枪结构设计中占有重要地位。

瓦尔特 P38 手枪三视图

鲁格 P08 手枪

二战时期，手枪本身进步不大，冲锋枪成为近战的主力武器，为了可以共用弹药，大部分国家以半自动手枪作为制式装备。二战后，以美国为首的北约组织和以苏联为首的华约组织开始了长达半个世纪的冷战，两大军事联盟在制式手枪方面都趋向于统一口径，如北约国家大多使用 .45 ACP 和 9 毫米鲁格手枪弹，华约国家大多使用 7.62 毫米托卡列夫和 9 毫米马卡罗夫手枪弹，这也促使半自动手枪在更多国家中被确定为制式手枪。

与其他手枪相比，半自动手枪因为射击频率更有节奏，更容易让士兵分辨手枪的余弹数量，使士兵在与敌人紧张的近距离交锋中仍然能把握住自己的状态，避免士兵因在手枪弹药耗尽时浑然不觉而被敌人趁机击杀的窘境。在训练时，半自动手枪也可以帮助教官更直观地分辨枪支的状态。而且半自动手枪由于击发结构咬合得更加紧密，大大提升了手枪的精准度和稳定性。由于弹道比较稳定，所以半自动手枪的威力相对更大。此外，半自动手枪的造价一般较低，因此可以大规模生产，并大量装备部队。

相较而言，全自动手枪不仅型号非常少，而且价格昂贵，其重量并不比冲锋枪轻多少，战斗性能也赶不上标准的冲锋枪。因此，全自动手枪主要用于特种作战和突击作战，极少作为常规部队的自卫武器。一般来说，全自动手枪在射速和火力强度方面具有优势，但是精度和射程方面不如半自动手枪，所以更适合作为特种部队和特警部队的近距离突击武器。对于常常在室内近距离交火的特种部队和特警部队来说，全自动手枪尺寸较小，在数十米距离内能发挥相当大的威力，从而有效压制敌方火力。

NO.22　半自动手枪的击发装置有什么特点？

　　半自动手枪不仅小巧而且可以隐藏于衣物内而不被发现，重量轻而便于携带，非常适合执法人员或战斗机驾驶员携带，通常部分军队高级军官有时也会携带手枪，以宣示其地位及增加其管理的力量。除了和其他手枪同样有大小的分类外，半自动手枪的击发和保险装置也不止一种形式，而且很多新式半自动手枪都兼有两种装置，还有一些采用特创的装置。

　　击发装置主要分为单动扳机和双动扳机，但所有枪型都需用手动先行把第一发子弹预先上膛才能射击。

　　单动扳机指扳机仅具有释放击锤的功能，射击时，首发子弹要先以拇指拉下击锤才能发射，但第二发起便可以直接发射。（发射后套筒会后退抛壳，同时重新压下击锤至待发位置），因此射击精度较佳。缺点是为了安全起见在上膛携带时必须关上"手动保险杆"或让击锤复位，如此一来就导致了第一发弹药发射较慢，预先打开保险又容易走火。

　　双动扳机指扳机具有拉下击锤与释放击锤的双重功能，如果子弹是已上膛的状态，不需再手拉击锤就可以直接射击。优点是第一发弹药射击较快和上膛携行的安全性较佳（因为由扳机压下击锤的力道很重，且拖引行程长，可以当作一种防止误压的保障）。

待发状态的击锤特写

但是要特别注意，"纯"双动扳机枪型，则是指每一发都只能以扳机压下击锤再释放击发，射速反而较慢和费力。

而大部分当代枪型都可以选择两种模式，即双动模式的枪在拉起击锤或开过第一枪后，便会自动进入单动模式，而击锤复位后则再度转入双动模式。但对于竞赛的手枪为了准确大多设计为纯单动模式，而自卫或警用为了安全则不少是纯双动模式。

世界著名半自动手枪之———格洛克 17 手枪

NO.23　手枪的保险装置有何作用？

手枪的保险装置是为了让手枪正确射击而不因错误的操作动作而误击发或走火的一个保险装置。不同的手枪射击结构不同，保险设计思路也不同，因此保险装置并不一样。

以美国 M1911 手枪为例，它的保险装置包括手动保险、握把保险、半待击保险。手动保险钮位于枪身左侧后上方，将保险钮推到上方，保险钮进入套筒的缺口内，可以限制套筒的前后移动。同时，保险机的内凸轮面与阻铁啮合，可限制阻铁向前回转，这样，虽扣扳机却不能释放处于待击位（阻铁上部突齿卡入击锤待击槽内）的击锤。手动保险能确实锁定套筒和待击的击锤，保证手枪携行待击的安全。M1911 手枪的手动保险钮设计得大小适中，利于隐蔽携带或战术应用，拔手枪时不易于钩挂衣物。握把保险位于握把持握虎口处。在簧力作用下，握把保险自动处于保险位置，此时握把保险凸齿抵在扳机连杆上，限制扳机连杆后移，使扳机扣不到位。只有虎口压紧握把保险，使握把保险凸齿与扳机连杆脱开，此时扳机连杆才能自由向后移动，进而将扳机扣到位。有些人觉得手枪上不必要设置握把保险，其实自卫手枪有这种保险更安全。

　　手动保险柄在手枪上形成一个额外的凸起，很多人并不习惯，表示不太适合于隐蔽携行和紧急状态下出枪，所以有的手枪并不设置手动保险柄。例如著名的格洛克手枪，其内部保险由 3 个保险机构组成，分别是击针保险、扳机保险和防跌落保险。击针保险采用常规保险设计，而扳机保险是格洛克手枪的一个特色。扳机保险位于扳机中间，呈片状结构，与扳机连杆构成一个整体部件，只有在扣压扳机时才能使之解脱所有的保险机构。而一旦手指离开扳机，手枪随即处于保险状态。防跌落保险是通过扳机连杆后端的"十字架"结构实现的，能防止手枪在跌落时由于猛烈的撞击造成扳机和扳机连杆在惯性作用下后移而形成击发。

　　除此之外，还有的手枪，不设置手动保险柄，完全依靠内部设计的全自动保险来保障安全。这种手枪的代表就是瑞士西格手枪，例如著名的 SIG P226 手枪，该枪依靠套筒后的全自动保险装置确保携行安全。在握把左上方装有待击解脱杆，当膛内有弹、击锤处于待击位置时，压下此杆，就可以解脱击锤，使击锤向前回转，最后被阻铁卡住。此时虽然击锤在前方，但仍与击针保持一定距离，因此可以保障携枪安全，不会因此误击发。

美国 M1911 手枪

奥地利格洛克 34 手枪

瑞士 SIG P226 手枪及弹匣

NO.24　手枪的枪套有哪几种类型？

　　手枪套是一种用皮革或其他坚韧材料制作的枪套，可装手枪或左轮手枪，通常挂于腰带、肩带或马鞍上。手枪套的主要作用是安全携行手枪并限制手枪意外移动或掉落，同时保证能够随时拔枪进行射击。手枪枪套可以分为以下几类：日常携带型，战术／作战型和礼仪型。

常见的皮制枪套

　　日常携带型枪套，在材料上一般可分为皮质、佳德板或 K 板以及尼龙制。皮质枪套在美国历史悠久，大多数人喜欢用皮质枪套携带左轮或者 M1911 手枪，皮质枪套在美国更是品位的象征，很多皮质枪套都是纯手工制作的，并且会使用很多珍贵的动物皮。一个好的皮质枪套可以卖到数百美元，需要数周甚至数个月的时间制作。当然也有很多便宜的批量生产皮质枪套，比如 Galco。总体来说皮质枪套需要保养，对手枪表面的磨损会相对大一些且时间久了会乱，从而产生安全问题，即收枪时枪套有可能会挡住扳机，导致走火。

　　之后是 K 板枪套，这类枪套近些年非常流行，K 板最大的优点是加了后 K 板变软，所以自己在家就可以做枪套，对技术几乎没有要求，可以为任何东西做携带套，不仅仅是枪，包括弹匣、手铐、止血带等都可以。K 板也比枪套更轻、更薄，更适合日常隐蔽携枪。因为做工简单，方便制作，原料便宜，所以 K 板枪套整体价格会低很多。一般的 K 板枪套只要 15~30 美元就能买到。大牌子或者一些比较革命性设计的 K 板枪套能卖到 60~90 美元。一些定制 K 板枪套则可以卖到 100~150 美元，比如 Tier 1 Concealed，T-Rex Arms 等。

对于战术型／作战型枪套而言，这类枪套一般是由 Safariland 或者 Blackhawk 生产的，其特点在于所用塑料更厚，能更好地保护手枪。而且携带方式要比携带型枪套多，可以挂在腿上、戴在战术腰带上或者绑在战术背心的 MOLLE 织带上。同时这类枪套会采用一级、二级、三级保护技术，一般来讲每增加一级保护即增加了一道机械程序来锁住手枪。一级一般被认为是靠摩擦力锁住手枪，二级一般会增加按钮释放，三级则会在这个基础上增加一个按钮释放锁或者盖子保护手枪不会掉出来。

第三类是礼仪性枪套，这种枪套平时很少有人能接触到，一般使用漆皮制作，简单地使用摩擦力来锁住手枪。比如美国无名将士墓的军官会携带礼仪性枪套，除了正式场合以外，礼仪性枪套还是一种等级的象征，代表着军官的级别。

除此之外，根据手枪的使用条件和使用者的喜好，枪套还可分为以下几类。按用途分，手枪套可分为值勤枪套、战术枪套、隐蔽枪套和运动枪套；按佩带方式分，手枪套可分为腰部枪套、腋下枪套和腿部枪套。

枪套展开后示意图

可以携带手枪与弹夹的枪套

Tier 1 Concealed 枪套

军用枪套

其中，值勤枪套用于执法人员公开携带，因此不考虑隐蔽性问题，但比较注重固定能力和外形，主要由皮革、尼龙或塑料制成，一般挂在武装带上，放在使用者顺手的一侧。战术枪套一般由军事、安全和执法人员使用，大部分采用尼龙或塑料材料，可以制成迷彩型，以适应使用者的作战服装。运动枪套由从事射击运动和狩猎的人员使用，有很多种风格，特点是可以携带大型手枪或带瞄准具的枪。腰部枪套就是佩戴在腰带上，腋下枪套也叫肩枪套，由两条背带以类似背包的形式连接在一起，装枪的套子装在左侧或右侧的一条背带上。使用肩枪套时，如果手枪垂直放置，则枪口向下；如果手枪水平放置，则枪口一般向后。腋下枪套的使用者舒适感较好，且适合坐姿拔枪。此外，腿部枪套又可分为大腿枪套和踝枪套，大腿枪套可将手枪置于右大腿一侧、手自然下垂的位置，便于快速拔枪，在特种部队中应用最多。踝枪套就是将枪套固定在脚踝处，可以用裤子来隐蔽，适合用来携带小型的备用枪械。

NO.25 手枪的弹匣与步枪的弹匣有何不同?

　　弹匣是枪械的供弹系统,是容纳子弹的一个容器,通常是可以拆卸的匣状盒子,能够连接到枪机的下方、上方或侧方,由里面的弹簧将子弹一颗颗地推给取弹器,再进入枪膛击发。简单来说弹匣就是枪械的供弹系统,可以随时装填子弹,而且结构比弹夹复杂。

　　弹匣是现在手枪、冲锋枪和步枪最主要的供弹方式。弹匣中的子弹打完以后,可以从枪械上取下空弹匣,再换上装满子弹的弹匣。由于更换弹匣的时间远远要比装填弹仓的时间短,所以采用弹匣供弹的枪械射速通常比较高。

FN SCAR-L 弹夹

普通手枪弹夹

常见的手枪与弹夹

突击步枪的弹夹

　　我们印象中的手枪弹匣都是直的，而步枪的弹匣却都是带有一定的弧度，这主要是由子弹的形状所决定的，手枪子弹基本都是直筒形的，整个子弹的药筒从底部到前部收口处都是一样大小的。而步枪子弹大都是瓶子形的，下粗上细。把瓶子形的子弹并排排列，即使底部紧紧并拢，而上部还是会有明显的间隔，这样也就很自然地形成了弧度。

根据子弹形状的特点而知，手枪弹匣很自然就是直的，步枪弹匣也就相应有了一定弧度。

同时，步枪弹匣的子弹容量都比手枪弹匣的容量更大，同样容量的弹匣采用有弧度的，在长度上也要比直形弹匣会小一些，相对尺寸也更为紧凑，所以就更便于在战场上携带，实用性更强。因此容弹量更大的步枪弹匣也就很自然地带有了弧度。

正是因为以上两点，所以步枪弹匣大都是有弧度的弯曲状，而手枪弹匣就是方方正正的笔直形状。基于同样原因，使用手枪子弹的冲锋枪弹匣也大都是直形的。

NO.26　冲锋枪和全自动手枪（冲锋手枪）有何区别？

冲锋枪是一种单兵连发枪械，比步枪短小轻便，具有较高的射速，火力猛烈，适于近战和冲锋时使用，在 200 米距离内具有良好的杀伤效能。

全自动手枪常被称为冲锋手枪、突击手枪、机关手枪，是一种用途类似冲锋枪，可全自动发射子弹的手枪。冲锋手枪首见于"一战"时期德国的鲁格 P08 手枪的炮兵型，设有长枪管，可配备枪托和 32 发弹鼓。1932 年著名的毛瑟 C96 手枪可算是第一种被广泛使用的冲锋手枪代表。

小型冲锋手枪与一般手枪外形及尺寸非常相似，但可通过机匣上的射击模式选择钮识别，大型冲锋手枪和冲锋枪形状相似，但尺寸上仍然稍小　些，可以通过使用的人员和与其他物品的相对大小识别。

由于冲锋手枪重量轻、只有手枪握把，以全自动模式发射大量手枪弹时难以控制命中点。于是部分生产商的冲锋手枪设计改以三发点射模式取代全自动模式，HK VP70 是比较著名的三发点射冲锋手枪。

相对于冲锋枪的普遍应用，冲锋手枪的应用并不广泛。最主要的原因，是冲锋手枪的型号非常少，价格很贵，重量并不比冲锋枪轻多少，战斗性能又赶不上标准的冲锋枪。所以，一直以来，冲锋手枪只应用于特种部队、警察、游击队，甚至非政府武装，而在正规军里很少应用。

在过去，冲锋枪和自动手枪的组合可以取代冲锋手枪。在现代，一些国家提出了个人防卫武器，或者叫单兵自卫武器（PDW）的概念，德国黑克勒·科赫公司发展了 MP7 冲锋枪，瑞典有 CBJ-MS 冲锋枪，比利时有 FN P90 冲锋枪，性能和功能介于手枪和冲锋枪之间，这些武器都可以代替冲锋手枪。

毛瑟 C96 手枪

格洛克 18 全自动手枪

NO.27　冲锋枪采用包络式枪机有何优点？

包络式枪机（又名伸展枪栓，英语 telescoping bolt 或 overhung bolt）是指将枪机的一部分"延伸"至枪管尾端前方，"包裹"住部分枪管的设计。一般常见于采用自由枪机、自动方式的冲锋枪上，尤其是采用将弹匣置于握把内（这种布局可以保持枪械平衡，使之具有手枪般的快速指向性）的紧凑型冲锋枪。

众所周知，采用自由枪机、自动方式的武器并没有实际的"闭锁"结构，是依靠大质量枪机和足够强力的复进簧来抵消火药燃烧产生的瞬间压力来保证武器安全运转的。同时，为避免过高的射速，设计师往往额外加重枪机。所以，这类武器都有一个体积和质量相对较大的枪机。自由枪机式武器的常规布局是将整个枪机部件都置于枪管尾部之后。这样的设计存在两个弊端：首先，要求较长的机匣以容纳复进簧和枪机，并保证它们有足够空间运转。其次，武器重心靠后，有"头重脚轻"的倾向。

包络式枪机将枪机的相当一部分金属移到了枪管尾端的前方（"包"住了一部分枪管，"包络式"因此得名），在保证枪机质量足够的同时，能节省出一些宝贵的机匣空间（或者说，机匣可以造的更短），另外还有将重心前移的作用。

历史上第一种正式采用包络式枪机的冲锋枪是捷克斯洛伐克在 1948 年服役的 VZ 23 系列，其采用了圆筒型机匣的包络式枪机配中置式枪管。而最著名的包络式枪机冲锋枪则是以色列改良自 VZ 23 系列、配长方形冲压机匣的"乌兹"冲锋枪，自此包络式枪机开始影响多种冲锋枪的设计方式。

由于包络式枪机有令枪械尺寸更为紧凑的优势，所以被大量紧凑型冲锋枪所采用。这类武器没有独立的弹匣槽，弹匣藏于握把内，体积较常规布局紧凑。同时，枪械重心保持在握把位置，提高了快速交战时的指向性，但由于握把与护木间距离较短，在高射速连发时枪口跳动将更为严重且较难控制。弹匣藏于握把内也导致无法完全以并联方式连接弹匣。当然，常规布局武器也可受益于包络式枪机设计，如伯莱塔 M12 系列冲锋枪。

乌兹冲锋枪

伯莱塔 M12 冲锋枪

NO.28   冲锋枪主要配用手枪弹的原因是什么?

按照《兵器工业科学技术辞典——轻武器》中的定义,冲锋枪是"单兵双手握持发射手枪弹的轻型全自动枪"。根据这个定义,"发射手枪弹"和"轻型全自动"是冲锋枪的主要特点,我国对冲锋枪的划分方法也习惯以这两个关键定义作为分类标准。

冲锋枪为什么要使用手枪弹?这要从冲锋枪的起源说起。"一战"后期,德军将领奥斯卡·冯·胡蒂尔为了打破堑壕战的僵局,首创步兵渗透战术。经过特种训练的德军突击队跟随延伸的炮火从敌军防线薄弱处渗透,避开坚固要塞,不与守军纠缠,而迅速向纵深穿插,破坏敌军的指挥系统和炮兵阵地。新战术要求突击队员具有良好的机动性和猛烈的火力,笨重的毛瑟步枪自然不能满足要求了。

奥斯卡·冯·胡蒂尔

于是,德国人就设计了一种手枪与机枪的结合体——冲锋枪,它比步枪短,火力与机枪一样凶猛。因为冲锋枪的设计思路就是追求近距离的猛烈火力,所以射程不必太远。当时的步枪弹着眼于大威力和远射程,普遍口径偏大、装药偏多，所以后坐力大、操作要求高，不符合冲锋枪的设计要求；手枪弹后坐力小，连发时易于掌握，是冲锋枪弹药的不二之选。世界上第一把真正意义上实用的冲锋枪是德国 MP18 冲锋枪。

德国 MP18 冲锋枪

二战时期，苏联武装部队普遍装备冲锋枪，因为冲锋枪射击手枪弹，平稳可靠，即使训练不足也能使用。然而，冲锋枪射程短一直为人所诟病。20世纪中期，发射中等威力步枪弹的突击步枪的出现，使冲锋枪的发展受到影响。20世纪70年代以后，由于小口径突击步枪（特别是短突击步枪）异军突起，冲锋枪的发展面临着严峻的挑战。甚至于有些专家断言：使用手枪弹的常规冲锋枪迟早要被轻型化的突击步枪所取代，冲锋枪已经完成了它的历史使命。然而，冲锋枪所担负的战术使命不可能完全由小口径突击步枪来完成，这就决定了冲锋枪不可能马上退出历史舞台。

值得一提的是，冲锋枪属于短管枪械，手枪弹可以保证在弹丸射出枪口时发射药尚未燃尽或刚好燃尽。手枪弹的装药量是经过严格计算和试验的，适用于使用该弹种的各种枪械。同样的子弹用于手枪则由于枪管更短，弹丸射出更快，部分发射药未起到对弹丸的加速作用而白白燃烧。所以，尽管发射的手枪弹是同样的，冲锋枪的射程和威力都超过手枪。

NO.29　步枪的弹容量是如何确定的？

步枪是步兵的基本装备，对于士兵来说，当然希望步枪的容量越多越好，但是目前很多自动步枪的弹匣容量普遍是 30 发左右。

从枪械工程学和人机工效学的角度进行来比较和探讨，以前北约组织和华约组织的军事机构，对全自动突击步枪和卡宾枪以及冲锋枪弹匣在三十发容弹量的可行性和最大最满意的使用度，是进行过深入研究和论证甚至是经过实战、实践了的。三十发弹药容量的弹匣对于持续性火力的维持在突击步枪上得出的结论要优于四十发容弹量弹匣，主要有以下几个关键原因。

在打防守反击战或者是阵地战又或者是阻击战中，如果弹匣过长，给士兵带来的危险是在使用枪支射击时，瞄准基线由于弹匣加长增高，士兵在据枪瞄准的同时也会暴露本该隐蔽的上身头脖部位，给敌方提供了射击命中的机会。

弹匣增加了枪身的重量和枪身横向的宽度，在巷战和城市作战或者丛林作战中携带容易斜勾阻，使用时增加了难度和不方便。

容弹量超过四五十发，据枪射击时由于弹匣供弹不顺容易出现卡壳和故障，排除费时费力，这个在实战中相当要命。

对于计算出发带多少基数的弹药，也没有三十发弹匣好换算，而且加长版弹匣就算插在弹匣袋，也极其不方便携带。

所以，30 发弹匣是各国认可的弹匣标准。早年北约与华约两大组织一经规定，下面的成员国就都照样采用了。其实像 25 发、35 发这样的弹匣也有，比如以色列就装备这种容量的弹匣，只不过人家是自己玩自己的标准，不加入大组织也就不受限制了。至于 100 发的弹鼓，更多还是给机枪配备。步枪手配备的话，携带与可靠性都存在问题。机枪可以有副手帮助携带弹匣，步枪手只能自己全背。

步枪常用的几种弹匣及弹夹

部分步枪使用的透明弹匣

弹鼓内部特写

NO.30   步枪采用无托结构有何优势？

无托结构步枪是代表突击步枪第二次重大变革后的一种新式突击步枪。这种保留了第一代突击步枪内涵的新结构突击步枪，它摒弃了传统的枪托，并将握把和扳机置于弹匣之前，使传统的突击步枪成为一支无托的肩射单兵自动武器。无托结构步枪是步枪史上的重大变革，其并不是真正"无托"，而是有一个内部构造更为复杂的"枪托"——机匣。也就是说，去掉了传统的枪托，直接以机匣抵肩。这种结构实质上是将机匣及发射机构包络在硕大的枪托内，握把前置，弹匣和自动机后置，从而在保持枪管长度不变的条件下，缩短了全枪的长度。这是无托结构最为显著的特点。

由于直接以机匣当抵肩，因此在结构布局上构成了枪管轴线与主支撑点在一条直线上的"直枪托"。直枪托的优点是射击产生的后坐力在一条直线上传递，枪管上跳或摆动的力矩几乎为零，加上采用弹道低伸的高初速小口径枪弹，使射击精度比传统步枪有所提高。由于摒弃了传统的枪托，使枪在结构布局和人机工效的双重要求下，枪的长度缩短了，高度和宽度却增加了。由于握把前置于全枪的中部，使前后的质量趋向平均，全枪的中心位置一般刚好落在握把附近，单手持枪的感觉明显较好。由于"无枪托"，在据枪瞄准射击时，腮部直接贴在自动机频繁运动的机匣盖上，不得不在此处加上较厚实的外护套。同时，为了使全枪整体协调一致，枪的许多地方，诸如护木等也相应加厚。这样并非不宜，外护套厚一些，特别是大量采用增强尼龙注塑成型的外护套，使枪本身的抗跌落和抗磕碰的性能大为提高。同时，对射频高导致灼热的防护以及据枪射击的稳定性和握持舒适性也有好处。

无托步枪自问世以来，之所以受到一些国家军队的青睐，主要是因为它具有突击步枪的威力和近似冲锋枪的长度，特别适宜在狭窄空间和复杂地形条件下使用。但是，由于其结构及造型布局方面的限制，除了前面所谈到的一些不足以外，"五短身材"的无托步枪在使用中还存在以下不足：一是射手眼睛在抛壳窗后上方，射击时溢出的火药燃气刺激眼睛；二是不利于充分利用地形地物发挥火力，例如利用右墙拐角进行反手射击；三是后置弹匣往往受射击阵位限制，仰角或俯角射击不便，等等。

斯泰尔 AUG 突击步枪

FAMAS 突击步枪

IMI TAR-21 突击步枪

SA80 突击步枪

NO.31   旋转后拉式枪机的分类及特点有哪些？

主流的旋转后拉式枪机可分为三种：毛瑟式、李 - 恩菲尔德式和莫辛 - 纳甘式，三者的不同在于枪机与机匣间的结构及运作方式，李 - 恩菲尔德式的旋转和后拉动作可同时进行，莫辛 - 纳甘式的枪机操作所需力量最多，毛瑟式则是三者间最平均的设计。

1）毛瑟式

毛瑟式枪机首次使用在 Gew98 式步枪上，亦是世界上最常用的旋转后拉式枪机设计之一，其中包括了二战时的 Kar98 式卡宾枪。毛瑟式枪机比李 - 恩菲尔德式更为结实，可发射更高压的弹药（如马格南中央式底火弹药），但射速低于李 - 恩菲尔德步枪。

Gew98 式步枪

Kar98 式卡宾枪特写

李 - 恩菲尔德步枪

　　毛瑟式枪机在推出后一直是旋转后拉式枪机的常用设计，时至今日仍有很多手动步枪采用，如一些民用猎枪、运动步枪、雷明顿 700 系列、温彻斯特 M70、M40 狙击步枪及 M24 狙击步枪等。

雷明顿 700 步枪

温彻斯特 M70 运动步枪

M40 狙击步枪

2）李 - 恩菲尔德式

李 - 恩菲尔德式枪机首次出现于 1889 年的李 - 梅特福步枪（Lee-Metford）
及李 - 恩菲尔德步枪上。李 - 恩菲尔德式的特点是旋转和后拉动作同时进行，
而且动作十分顺畅，经训练后的射手可保持很高的射速，但无法发射更高压
的弹药，现在只有李 - 恩菲尔德步枪的衍生型仍采用此设计。除此之外，有
些步枪采用毛瑟及李 - 恩菲尔德的混合式枪机设计，如瑞典毛瑟步枪、恩菲
尔德 M1917 步枪及 P1914 步枪。

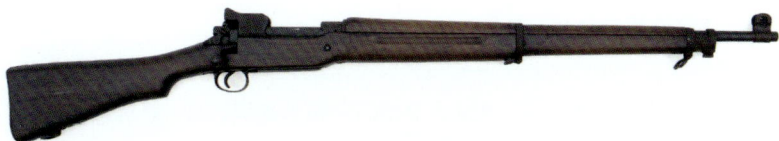

恩菲尔德 M1917 手动步枪

3）莫辛 - 纳甘式

莫辛 - 纳甘式枪机于 1891 年推出，特点是机头无法与枪机分离，枪机操
作时所需力量最多，亦不太顺畅。莫辛 - 纳甘步枪主要发射 7.62×54R 弹药，

无法发射高压的马格南弹药。但其可靠性较高，二战时期生产量极大，直至现在仍然是民用步枪常见型号之一。

莫辛-纳甘步枪拆解图

NO.32　AK-47 突击步枪的自动原理有何特别之处?

AK-47 突击步枪，是由苏联枪械设计师米哈伊尔·季莫费耶维奇·卡拉什尼科夫设计的自动步枪。"AK"的意思是"Автомат Калашникова"（"卡拉斯尼柯夫式自动步枪"的首字母缩写），"47"的意思是"1947年产"，是苏联的第一代突击步枪。它采用导气式自动原理，活塞和活塞杆固定在一起，但与机枪框并不相连，弹匣容量为 10 发，导气管位于枪管上方，这种枪采用枪机回转式闭锁，顺时针方向旋转的闭锁机头上有两个较大的对称闭锁突笋。这种闭锁方式是直接借鉴美国 M1 式加兰德步枪的设计原理。不过这种半自动卡宾枪的旋转机头经过了卡拉斯尼柯夫的改进，比较长，旋转速度更快，大大地增加了闭锁机构动作的可靠性。

1946 年，卡拉什尼科夫开始设计突击步枪。在这种半自动卡宾枪的基础上设计出一种全自动步枪，并送去参加国家靶场选型试验。样枪称之为 AK-46，即 1946 年产的自动步枪。导气装置和枪机基本上与原来设计的半自动卡宾枪一样，使用冲压铆接机匣，发射机构有单发和全自动两种，连发阻铁在扳机上；30 发弧形弹匣的入口在机匣下方，保险/快慢机柄都在机匣左侧，手枪型握把，枪托、前握把和护木都是木制的，枪口制退器为圆柱形。而 AK-47 操作原理与 AK-46 一样，不同的是：活塞、活塞杆和枪机体首次采用连成一体的方案——用螺杆固定在一起。机匣是冲压成形的，机匣前部与枪管固定，保险／快慢机柄首次被安装在机匣的右侧。导气室没有调节装置，拉机柄在右侧。AK-46 型 2 号试验枪的特征是改变了导气室、活塞、活塞杆的设计。延长了导气孔，增加进入导气室的火药燃气，导气筒下方与枪管之间的位置有泄气孔，活塞杆有四条凹槽。枪口制退器改为双室结构。

AK-47 突击步枪及弹匣

AK-47 突击步枪内部结构特写

AK-47 突击步枪发射瞬间

黑色涂装的 AK-47 突击步枪

NO.33 狙击步枪主要有哪些类型？

　　按照工作原理，狙击步枪通常可分为半自动和手动两种。在现代军队中，半自动狙击步枪主要作为高精度步枪装备在步兵班建制里，对中等距离内的重要目标进行射击，担负班组支援武器的任务，在战斗中通常配置在前沿阵地内。因此，半自动狙击步枪不仅需要有较高的精度，而且还要追求一定的射速，以提高火力密度，因而采取半自动装填方式。

　　手动狙击步枪主要是装备给单独编制的专业狙击手，配置在纵深隐蔽阵地，对中远程重要目标实施打击。另外，专业狙击手另一项重要任务就是反狙击行动，在狙击手的对决中，基本没有打第二枪的机会，所追求的是极高的射击精度，而不是射速。因此，采取旋转后拉枪机、手动闭锁是减少机件运动，提高射击精度的重要手段。同时，部分发达国家还专门研制了狙击步枪专用弹药来提高射击精度。

俄罗斯 SVD 半自动狙击步枪

美国雷明顿 M2010 手动狙击步枪

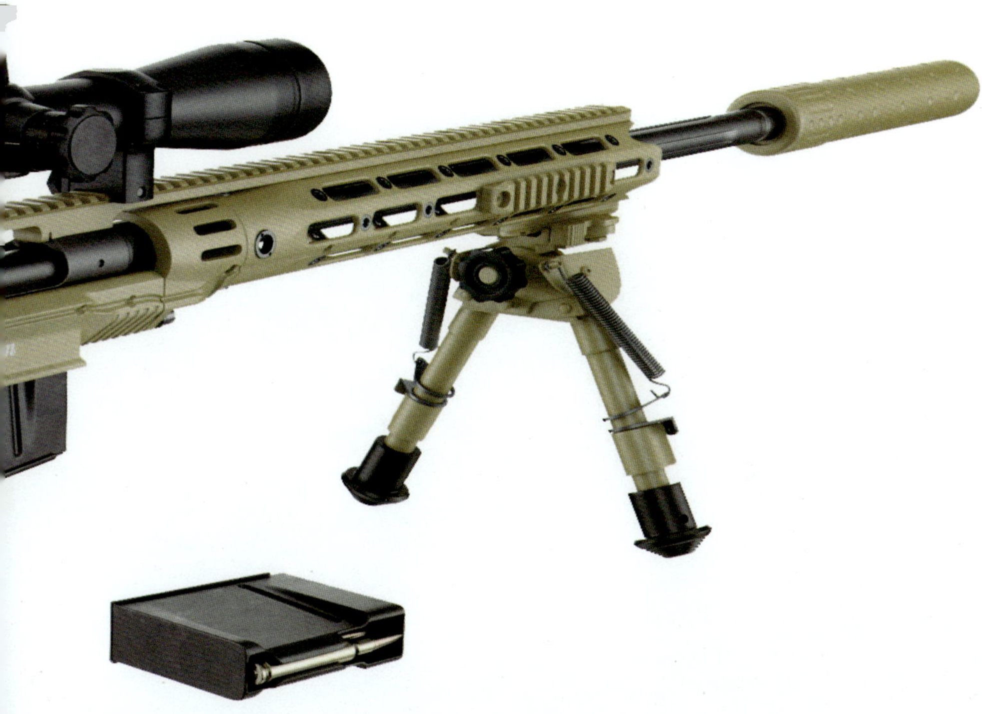

按照使用环境与单位不同，狙击步枪又可分为军用与警用两种。由于作战需求不同，军用狙击步枪与警用狙击步枪在设计时的侧重点也不相同。由于执法单位常常处理暴徒与人质交错的劫持事件，经常在街道与建筑物中与暴徒交火，战斗距离一般比军队狙击手短。因此，警用狙击步枪在射程上的要求没有军用狙击步枪那么严格。虽然军用狙击步枪与警用狙击步枪都要求高精度，但由于人质解救任务的特殊性，执法单位对狙击步枪精度的要求更加严格。

一般来说，军用狙击步枪通常要求结构耐用、可靠、坚固、容许粗暴操作、零件可交互使用，在精密程度上不如警用狙击步枪。另外，由于军队狙击手执行特定任务时必须枪不离人、人不离枪，军用狙击步枪的重量将会是狙击手能否完成任务的重要因素，因此军用狙击步枪往往会考虑其便携性，而执法单位不需要长途奔袭，使用脚架的机会也比军人更多。

德国国防军所属的狙击手

德国联邦警察第九国境守备队所属的狙击手

NO.34　军用狙击步枪与警用狙击步枪有什么不同？

　　根据军方或执法部门的定义，狙击步枪的性能虽然以战术为主，但是它能够发挥战略性效用。狙击步枪为了降低光线对于肉眼的干扰、增加精准度均配属光学瞄准镜。

　　狙击步枪的使用目的为破坏敌方物资、击毙敌方人员，特别是击毙敌方指挥人员以阻却敌方行动；击毙敌方交通载具操作人员以干扰敌方行动；击毙敌方通讯人员、自动武器操作人员或重型武器操作人员以大幅降低敌方战力或者击毙敌方狙击手以提升部队士气加强区域安全。

　　现代狙击步枪以使用环境与单位区分，大致可分为军用与警用狙击步枪两种。警用型整体较军用型重，也比军用型短。因设计原因，警用狙击步枪的精准度高出军用狙击步枪很多，但军用狙击步枪更坚固。警用狙击步枪的精密性也较军用狙击步枪高，价格高昂。军用狙击步枪的作战范围较警用狙击步枪广泛。

为确保在各种条件下皆可使用，军用狙击步枪的精确度比竞赛用枪以及警用狙击步枪低。军用狙击步枪通常要求结构上耐用、可靠、坚固、容许粗暴操作、零件可交互使用。由于军人执行任务时必须枪不离人、人不离枪，狙击手在特定任务中可能全程不离开狙击步枪。因此，军用狙击步枪的重量是狙击手能否完成任务的重要因素。军方严格的预算规划与管理会影响到装备的狙击步枪是否适合狙击手与其任务。

而由于执法单位常常处理暴徒与人质交错的劫持事件，其作战方式与军队狙击手不同。执法单位往往在街道与建筑物中与暴徒交火，因此战斗距离往往比军队狙击手短。

执法单位吸取 1972 年慕尼黑惨案中西德警方欠缺适当的狙击枪甚至狙击手的教训，因而要求所装备狙击步枪的精确度，HK PSG1 狙击步枪以及 FN SPR 狙击步枪等警用狙击枪应运而生。

以 PSG1 步枪来说，其弹着精密度于 300 米的距离能将 50 发弹药平均集中于 80 毫米的圆圈当中。

军用型狙击步枪

警用型狙击步枪

NO.35　狙击步枪致命的原因是什么?

狙击步枪给人的第一感觉就是即使不打中人的要害,也能要了人的半条命。确实,虽然使用同样口径的子弹,但是狙击步枪的杀伤力往往更高,其原因主要有以下几个。

(1)狙击步枪的枪管更长,初速更高,子弹底部装药量更大。其实我们能从曾经战列舰的主炮提升威力的设计思路上可以看出,只要炮管的倍径更长,发射药量更大,炮弹的初速和精准度以及穿甲威力肯定要高于同样的小倍径舰炮。狙击步枪同样如此,狙击步枪较长的枪管不仅使弹药可以在枪膛内获得更高的速度,还可以将底部弹药产生的动能增强到极致,所以在枪口初速上,狙击步枪就要比自动步枪高,穿透力和射程也因此加强,因而经常会出现狙击步枪子弹命中人体后留下一个"血窟窿"的现象。假如击中人体关节和边缘,甚至可以直接将肢体打断。美国M107狙击步枪的枪管长度为740毫米,而M16突击步枪的枪管长度只有508毫米。

美国 M107 狙击步枪

美军士兵正在使用 M107 狙击步枪作战

使用 M107 狙击步枪进行射击训练的美军狙击手

（2）狙击步枪不仅配有 7.62 毫米等口径较小的子弹，还配有 12.7 毫米、14 毫米的大口径子弹。这些子弹虽然主要用来打击轻型装甲车辆和重装甲车的薄弱部分，但也能用于杀伤有生目标。狙击步枪通常由射击技术精湛的狙击手使用，在命中率上较普通士兵要高得多，所以狙击步枪在人们的印象中烙下了致命的标签。通常我们将 12.7 毫米以上口径的狙击步枪称为反器材步枪，这种 12.7 毫米子弹具有巨大的穿透力和点杀伤效果，即便是对于轻型装甲目标依然效果明显。在 12.7 毫米子弹面前，基本上人类自身穿戴的任何防护装备都是徒劳的，巨大的点杀伤效果一枪就可以把人打成两截。其他口径小于 12.7 毫米的狙击步枪杀伤效果也基本类似，虽然略小一点，但是威力一样巨大。

（3）狙击步枪使用的狙击弹威力巨大。正所谓"外行看枪，内行看弹"，子弹的好坏决定了射击的精度和穿透力。对于狙击步枪来说，即便是在 1000 米的距离上，仍然要求子弹具有较高的速度。所以必须加大装药量，提高初速。简单来说，初速高则意味着飞行时间更短，弹道更平直，更加接近直线，也更加精准。以美国陆军特种部队使用的 7.62 毫米口径狙击弹为例，其装药量为 14.26 克，初速达到 914 米 / 秒，即便是在 1500 米的距离上也可以达到超音速。相比之下，常见的北约 7.62×51 毫米步枪弹的装药量仅为 3.1 克。

NO.36　狙击步枪上前后串列两个瞄准镜有何作用？

二战时期，因为缺乏专业的狙击步枪，部分被当作狙击步枪使用的精确步枪会以并列的方式安装两个瞄准装置，通常一个为制式的机械瞄准具，另一个为外部临时加装的瞄准镜。现代狙击步枪通常没有必要使用两个瞄准镜，但有的时候会前后串列两个瞄准镜。其中，正常位置安装的是光学瞄准镜，前方枪管支架上安装的是红外瞄准镜或微光瞄准镜，用于在暗夜或无光条件下进行瞄准，其只有观察作用，不能代替光学瞄准镜进行瞄准。

光学瞄准镜的作用是放大目标，使远距离的精确射击可以更加容易实现。根据用途与武器的区别，光学瞄准镜的倍率通常在 2~10 倍。倍率更大的瞄准镜不是没有，而是因为倍率过大的瞄准镜，射手长期使用会造成视觉疲劳，而且高倍率的瞄准镜搜索敌人更困难，稳定瞄准需要更多的时间，更加沉重且体积更大，对于狙击手的要求也更高。二战时期使用的瞄准镜通常就是圆筒＋光学镜片，具有多个分划，射手需要根据距离，选择不同的分划，现代的瞄准镜就要精密多了，一般都会允许射手调整放大倍率、聚焦距离、弹道补偿、左右风偏、照明亮度，让射手能够以最舒服的姿态去瞄准。

微光／红外瞄准镜和一般人印象中的光学瞄准镜不同，这种瞄准镜其本质是将微弱的光学信号放大（微光），或将人体与装备散发的红外线转换成人体所能看见的光（红外）。微光／红外瞄准镜没有出瞳距离也没有分划，所以可以和光学瞄准镜串联使用，让普通的光学瞄准镜拥有夜视能力，或是在夜间更容易找到作为热源的敌人。但是微光在白天完全是画蛇添足，而且因为太阳的暴晒，所以人体与周围环境的温度差异也很难被枪载的小型热成像瞄准镜所区分出来，所以一般情况下微光／红外瞄准镜都只会在夜战中，或某些特种作战条件下使用。

装有光学瞄准镜的俄罗斯 SVD 狙击步枪

装有光学瞄准镜的英国 AWM 狙击步枪

前后串列两个瞄准镜的狙击步枪

NO.37　卡宾枪和步枪有何渊源？

　　因为步枪和机枪在战争中特别是快速机动的移动战中携带不方便，所以出现了一种轻巧便于携带的武器叫卡宾枪。卡宾枪其实就是短步枪，实际上还是步枪，而之所以会有卡宾枪这个称呼，其实就是英语中"Carbine"一词的音译而已，翻译成中文是骑步枪，就是骑兵使用的步枪，也就是短步枪。它最早出现在西班牙内战。在二战以前，骑兵是各国主要突击和机动武装，但早期因技术问题，单兵步枪都比较长，不利于步兵使用，随着火药和步枪设计的逐渐完善，在西班牙内战中就出现了一种短枪管，利于骑马射击的步枪，就是骑步枪，音译为卡宾枪。

FN PS90 卡宾枪

SIG SG 552 卡宾枪

AKS-74U 卡宾枪拆卸图

9A-91 卡宾枪

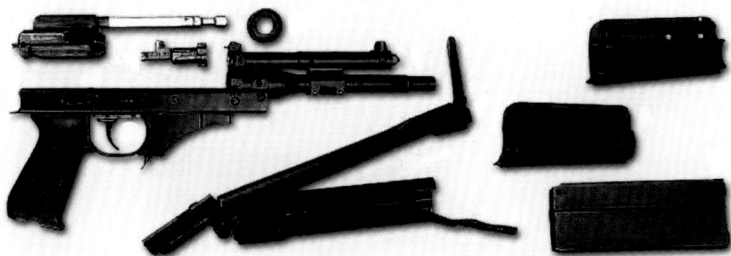

9A-91 卡宾枪拆解图

　　卡宾枪在其发展历程中，最初主要是指一些枪管较短的火枪及来复枪，只是标准版的改短型号，使用同一种弹药，后来亦有另行开发，使用较低威力子弹或手枪子弹的设计。由于它的体积较小及重量较轻，最初基本上只供给一些高机动性部队，例如早期的骑兵、炮兵等兵种使用，到后来，伞兵、侦察兵、不便携带全尺寸枪械的人员及各类驾驶员也开始装备这种武器。

　　在拿破仑时代，骑兵很多时候是在马上作战，所以需要较短枪身的卡宾枪以方便在马上装填弹药。在乘骑时使用来复枪极为不便，尤其是一些前枪管装填的型号，到美国内战时期，骑兵基本上已经很少在马背上使用长枪，一般使用来复枪都以下马作战为主，马匹主要作为长途机动工具使用，但仍然有机会在马背上使用军刀和手枪作战，携带过长的枪械会影响作战和行动，造成危险，所以规定骑兵携带枪械长度不得超过军刀的长度，斜挂在马鞍时上不能超过士兵的手肘，下不能长过马腹而及马的腿部，以免阻碍作战及机动，于是卡宾枪成为主要枪械。

随着坦克和速射武器的出现和成熟，骑兵就渐渐退出了军事舞台，没想到随着机械化的发展，地面战斗的形式开始改变，在运输步兵及空降作战中，步兵急需短步枪，因此二战后期，卡宾枪再次崛起，但这次不是缩短枪管，而是重新设计专用枪支和采用折叠枪托，以减少步枪长度。由于其便携性，除一些例如驾驶员、炮兵、伞兵、通信指挥员或特种作战单位之外，很多国家的卡宾枪都被配发给正统步兵使用，美军的 M1 carbine 卡宾枪就是一个例子，到近代的 M4，虽然号称 M4 carbine，其实是一枝紧密化的标准步枪，基本是所有一线作战部队的标准枪械装备。

M1 卡宾枪三视图

M1 卡宾枪

M4 卡宾枪 3D 拆卸图

M4 激光定位器

NO.38　"战略步枪"与普通步枪有什么不同？

　　"战略步枪"其实就是原来的普通步枪和榴弹发射器等一些挂载具的集合体，作战效果强于普通步枪，尤其是火力充分，单兵在实际作战中能自行根据目标任务提供火力压制。

　　单兵所用武器目前都以突击自动步枪为主，面对可能存在的一些隐藏目标或者轻型装甲目标时显得火力不足，难以对敌形成有效的打击和压制。为

一般是突击步枪更换重枪管，以及大容量弹匣而成，主要射击方式是长点射，美国 M249 也应该算是班用机枪，但是它的枪管可以更换。中型（通用）机枪主要装备在连一级，配用两脚架，口径一般是 7.62 毫米，发射全威力步枪弹，负责压制 1000 米以内的目标，采用弹链供弹，枪管可更换，还可以换用三脚架，作重机枪使用。高射机枪主要是对空射击，口径为 12.7 毫米，也有 14.5 毫米的高射机枪，但是 14.5 毫米的高机无论体积还是威力都很大，已经更像是轻型高炮了。其实，在近年来的战争中，高射机枪多被用来平射打击地面目标，有效射程为 1500 米左右。

HK MG4 轻机枪

M249 班用自动武器

M14 自动步枪

HK G3 自动步枪

NO.40　通用机枪逐渐取代轻机枪和重机枪的原因是什么？

轻机枪 (Light machine gun-LMG) 是相对于重机枪、通用机枪较轻的一种机枪。可以由一个士兵操作使用。早期的轻机枪多数为两人一组，有副射手兼弹药兵一名。轻机枪主要为卧姿射击，可随部队行动，使用步枪子弹，有简单的脚架。由于一般装备到步兵分队或步兵班，部分国家的军队称其为班用机枪。

重机枪被美、英等国称为"中型机枪"，是装配有固定枪架，能长时间连续射击的机枪。与轻机枪相比，重量重，枪架稳定，有好的远距离射击精度和火力持续性，能较方便地实施超越、间隙、散布射击。它主要用于歼灭和压制 1000 米内的敌集团有生目标、火力点和薄装甲目标，封锁交通要道，支援步兵冲击，必要时也可用于高射，打击敌低空目标。

通用机枪，又称轻重两用机枪，是一种可由单人携带、气冷设计、弹链供弹、可快速更换枪管、附有两脚架亦可装在三脚架上或车辆上的中型机枪。它既具有重机枪射程远、威力大、连续射击时间长的优势，又兼具轻机枪携带方便、使用灵活，紧随步兵实施行进间火力支援的一种机枪，是机枪家族中的后起之秀。从 20 世纪 50 年代起，各国普遍用通用机枪取代了轻机枪与重机枪。因此，通用机枪已经基本取代了轻机枪和重机枪在军中的地位。

M60 通用机枪

美军的 M240B 通用机枪

俄罗斯 RPK 轻机枪

俄罗斯 NSV 重机枪

NO.41　重机枪配备盾牌的作用是什么？

　　1851 年，比利时工程师设计出世界上第一挺机枪，它在普法战争中的出色表现引起了西方国家的重视，但它与现代机枪的性能还存在很大的差异，而美国在 1884 年制造出世界上第一支能够自动连续射击的机枪，其性能就与现代机枪十分相近了，从而成为实战中首次大规模使用的机枪。

　　凭借强大的火力压制效果，机枪在战场上被世界各国广泛使用，它是为了满足连续发射子弹而设计的武器，在战场上可以通过快速发射的子弹对敌军阵地进行扫射。之后机枪还装备在装甲车、飞机等机动装备上，为机枪配备上高机动性平台后，可以对敌军形成更强力的火力压制。

　　至今为止，世界公认杀伤力最强的重机枪是美国的 GAU-8 机炮，它也是美国至今使用过重量最大、攻击力最强的武器之一。GAU-8 机炮最多可以填装 1174 发子弹，装满弹药的 GAU-8 机炮重量达到 1828 千克，由于重量太大只能靠飞机等大型机动工具作为发射平台。GAU-8 机炮的射速也是任何枪械不能比拟的，理论射速可以达到 4200 发 / 分钟，但是由于枪管过热等原因，实战中只能按照每秒 20 发的速率射击。由于 GAU-8 机炮是使用飞机作为载体的，所以受到攻击的可能性很低，但是二战中的机枪手可就没这么幸运了。

由于机枪在战争中的火力压制能力过于强大，敌人在进攻时首先会想办法干掉机枪手，所以在早期的机枪设计中会有金属挡板用于保护机枪手的生命安全。在二战时期，由于当时的武器装备还不够先进，想要击穿机枪盾可不是一件容易的事情，可以对机枪手造成威胁的武器几乎不存在，机枪的挡板配合机枪强大的火力可以很好地保护机枪手。

随着时代的发展，小到穿甲弹，大到火箭筒，敌人可以轻易地干掉机枪手，尤其是现代狙击步枪的改进，可以在千米之外将机枪手一击毙命。这些武器的发明和普及致使机枪防护盾牌的作用越来越小。

当然，机枪挡板也不是完全没有用处。比如战争中造成伤亡最大的炸弹破片，就威胁不到机枪手。此外，机枪挡板也能很好地抵挡流弹和地上弹起来的碎石。更重要的是，机枪挡板能给机枪手一点心理上的安慰，让机枪手在射击过程中不至于裸露在外。

配备了盾牌的马克沁机枪

配备了盾牌的美国 M2HB 重机枪

NO.42 霰弹枪有哪些结构特点？

现代军用霰弹枪外形和内部结构都非常类似于突击步枪，全枪基本由滑膛枪管、自动机、击发机、弹仓、瞄准装置以及枪托、握把等组成。按装填方式可分为半自动霰弹枪和自动霰弹枪，供弹方式有泵动弹仓式、转轮式、弹匣式三种。军用霰弹枪主要发射集束的球形弹丸（霰弹弹丸）。枪管内膛由弹膛、滑膛及喉缩三段组成，三段以锥度连接。弹膛容纳霰弹，滑膛为霰弹弹丸加速运动区段，在离膛口约 60 毫米区段沿枪口方向适当缩小直径的部位称喉缩，弹丸在此受集束作用飞出枪口以增加射击密集度和射程。霰弹枪滑膛部分的直径称口径，军用霰弹枪大多数采用 12 号口径，按照国际通用标准，12 号口径实际膛径为 18.5 毫米。

军用霰弹枪除了可以以自动、半自动方式进行射击外，一般还可以以泵动式（指半自动射击，借助手拉动前护木来带动自动机完成抽壳、抛壳等自动动作，这种方式类似于气筒打气的过程）方式进行射击。之所以使用泵动式结构是由于滑膛枪的膛内压力较低，像催泪弹或橡皮头弹等防暴类弹药气体产生的不足而致使武器不能正常使用，这时利用泵动方式将得心应手。为了满足机动灵活性的要求，军用霰弹枪全枪长一般不应超过 1.1 米，全枪重量应小于 4.5 千克，使用独头弹有效射程可达 150 米，使用鹿弹有效射程在 200 米左右。

霰弹枪开火瞬间

霰弹枪使用的子弹

展览中的雷明顿 870 霰弹枪

枪盒中的雷明顿 870 霰弹枪

NO.43　泵动式霰弹枪的工作原理是什么？

　　霰弹枪外形和大小与步枪相似，但与步枪明显的分别是有大口径和粗大的枪管，部分型号无准星或标尺，口径一般达到 18.4 毫米 (12 号)。霰弹枪旧称为猎枪或滑膛枪，现在有时又被称为鸟枪。霰弹枪的枪管较粗，子弹粗大，射击的时候声音很大。枪口口径在 12~20 毫米之间，火力大，杀伤面宽，是近战的高效武器，已被各国军队、特种部队和警察部队广泛采用。

　　泵动式霰弹枪是常见的枪机类型之一，霰弹枪常见的枪机类型除了泵动式还有拆开式枪机、半自动枪机和自动枪机。泵动式 (也叫唧筒式) 作为最经典的霰弹枪枪机设计，几乎影视作品中能见到的霰弹枪都是泵动式。泵动式霰弹枪最大特点就是枪管下方有个活动的护木，握住下护木一拉一推就能完成抽壳装填工作。以经典泵动式霰弹枪温彻斯特 M12 为例，它的枪管下方有管状式弹仓，往后拉护木，推动下一发子弹顶住枪机后退，枪机完成抽壳动作，下一发子弹位于托弹板上，此时向前推护木，托弹板上升，枪机前进，将子弹送入弹膛，这样就完成了整个退壳装填过程。

弗兰基 SPAS-12 战斗霰弹枪

温彻斯特 M1897 泵动式霰弹枪

MAG-7 泵动式霰弹枪

伯奈利 M3 Super 90 霰弹枪

NO.44　霰弹枪在军队中的价值体现在哪些方面?

　　首先，霰弹枪威力大，命中率高。霰弹枪是近战命中率最高的枪支。其弹药由十数个弹丸组成，发射出去后可以形成较大的散布面，不需要精确瞄准，在压力环境下的命中率较高，而且近距离作战移动速度快。如果使用其他手枪或步枪，很难保证命中率。除了威力外，在近距离作战时霰弹枪在命中率方面也是有着相当大的优势的。研究表明，在近距离作战中射手很难进行精确度较高的射击，只能在一个安全范围内尽量保证精度，而由于霰弹枪子弹在击发后会形成一个"面"（多弹头弹），因此射手在大概瞄准的情况下即可保证命中率。而且，当交火环境为室内等狭窄环境时，霰弹枪更是有着惊人的压制能力（子弹覆盖面太大，敌方在霰弹枪持续火力下很难进行有效反击）。众所周知，由于枪弹具有不同的特点（大口径独头弹或多弹头霰弹），霰弹枪有着其他枪械所无法比拟的杀伤力，尤其是在近距离对人体等目标的杀伤力霰弹枪更是枪械中的王者。在双方近距离交火时，使用霰弹枪的射手可以轻松地使敌方丧失行动能力，而这是其他枪械所无法做到的。军用霰弹枪具有在近距离火力猛、反应迅速，以及面杀伤的能力，故在夜战、遭遇战及伏击、反伏击等战斗中能大显身手。

　　其次，霰弹枪还有这一项所有其他枪械武器都无法拥有的优点：用途范围广，能发射弹药的种类多，适用于多种场合。作为一种能够发射多种弹药的武器，霰弹枪可以发射包括独头弹、常规霰弹等杀伤性弹药，也可发射催泪弹、染色弹、橡胶弹等非致命性弹药，其在反恐、防暴等方面的作用是其他类枪械武器所无法代替的。而且，霰弹枪还能够被用来进行破门，而这是其他所有枪械都无法做到的，射手在掌握好射击角度的情况下可以使用霰弹枪破坏门的闭锁结构来达到破门目的，而其他枪械类武器如果被用来破门甚至会因弹头反跳而导致误伤。相比其他类型的单兵武器，比如自动步枪、冲锋枪以及手枪，军用霰弹枪有着自身不可被取代的技术优势。军用霰弹枪由于射程通常在 100 米左右，因此非常适合近距离战斗，而且会大大减少因跳弹或贯穿前一目标后伤及后面目标的概率。所以，在丛林战、山地战、巷战等作战环境中，以及在执行保护机场、海港等重要基地和特殊设施的任务中，各国军队、特种部队和警察部队都会广泛使用军用霰弹枪。

最后，穿透力低。霰弹枪弹丸特性决定它命中人体后穿透作用低下，因此所有动能会被人体吸收，造成较大伤害。其他枪种穿透人体后会四处乱飞，容易造成二次伤害。霰弹枪的多弹丸子弹会将冲击力分散到每一个弹丸上，而球形弹丸的穿透力和持续飞行能力较弱，在相对远的距离击中目标时弹丸往往无法造成足够致命的穿透伤害，却能有效地令目标丧失行动能力。

现代军队使用的雷明顿 870 霰弹枪

手持霰弹枪的美国海岸队成员

现代常见的霰弹枪及配备的子弹

莫斯伯格 M500 霰弹枪

一名装备了莫斯伯格 M500 霰弹枪的美国士兵

NO.45　枪械在水下作战有哪些要求?

　　水下蛙人作为现代海军的重要组成部分,在高技术局部战争中发挥着非常重要的作用。而蛙人部队所装备的武器性能如何,又在很大程度上反映出其整体水平的高低。努力提高水下蛙人的战术、武器技术性能,是现代海战对蛙人部队提出的客观要求。水下枪械就是为满足这种要求,于20世纪60年代后逐渐发展起来的一种新型的轻武器系统。

蛙人部队使用水下作战枪械

　　水下枪械是蛙人部队(海军陆战队)用来自卫或进攻的单兵武器,主要作战用途是杀伤水下或陆上近距离有生目标,消除其他水下危险物的威胁。水下枪械包括水下手枪和水下突击步枪两大类。使用水下手枪射击时,一般可杀伤17米内水下、50米内陆上有生目标;使用水下突击步枪射击时,可杀伤30米内水下、100米内陆上有生目标。由于水下作战时可供射手利用的隐蔽物很少,因此客观上要求水下枪械必须具有较远的射程、压倒性的火力优势及强大的火力持续能力,这是水下蛙人取胜和生存的关键。

　　水下枪械主要是在水下使用(也可在陆上使用),因而对水下枪械的要求更为苛刻:一是水下枪械必须具有较强的耐海水浸泡、耐盐雾(含有盐分的雾气）侵蚀能力；其所使用的弹药经过长时间的海、江、河、湖水浸泡后，亦可满足作战要求。二是必须具备高度的安全性。枪械在水下发射时，不能发生危及射手安全的故障，枪口噪音要小，水波和声波产生的压力波不会对射手造成伤害。三是必须具有良好的勤务性。水下枪械可方便地在水下或陆上携带，战斗转换迅速，易分解结合，操作时不易脱离射手身体，即便在水下发生故障时，也可快速排除。四是人机工效合理。水下枪械要结构简单，握持舒适，射手在水下用任何姿势都可操作射击。

德国士兵在水下进行作战训练

枪械在水下发射

NO.46　水下枪械发射原理是什么?

　　水下手枪是由美国、苏联率先研制成功的一种新型枪械,供在水下执行任务的潜水员、蛙人使用。水下枪是主要用于水下战斗的枪械,主要装备特种部队。水下枪的设计难度要比普通枪械大得多。首先是密封问题,由于枪械的射击要靠火药气体来推动,一旦密封不好,火药就会被水浸湿,导致燃烧效率低下而无法发射;其次是要克服水的阻力,水下枪要想获得较大的初速和射程则必须加大膛压,这样会带来供弹困难、机构动作难以协调等一系列问题。由于一般弹药无法在水下良好运作,所以水下枪械的共同点是使用飞镖弹取代一般子弹。此外,水下手枪的枪管通常没有膛线,相反地,能使发射物稳定弹道以克服流体动力学的影响。但缺少膛线使这类枪械在水面上射击不精准,所以水下步枪比水下手枪有更强的威力,在水面上也更加精准,但水下手枪比水下步枪在水面上更容易操作。

　　目前,世界上只有俄罗斯、德国、英国等少数国家研制成功水下枪,水下枪的种类也很少。

　　俄罗斯是最早研制水下枪的国家,主要产品有 SPP-1 水下手枪和 APS 水下突击步枪以及它们的改进型。SPP-1 水下手枪由苏联中央精密研究所研制,发射 4.5 毫米钢制箭形弹,有 4 支枪管,呈正方形排列,每管装有一发箭形弹,每扣动一次扳机发射一发弹。4 发弹射击完毕后,可由射手自行装弹。SPP-1 水下手枪在水下的射程与水深有关,水下越深,射程越小。如在水下 5 米处的射程可达 50 米,而到了水下 40 米处的射程则只有 5 米。

SPP-1 水下手枪与其发射的 4.5 毫米箭形弹

APS 水下突击步枪与其发射的 5.66 毫米箭形弹

德国 HK 公司 1976 年定型的 P11 也是一款知名的水下手枪。该枪一次可以装 5 发弹，发射 7.62 毫米的镖形弹，陆上有效射程 30 米，水下有效射程 10~15 米。与 SPP-1 水下手枪不同，该枪在 5 发弹用尽后，需要将枪送回工厂重新装弹密封。

士兵手握 P11 水下手枪

NO.47   世界上第一支水下突击步枪是什么？

　　APS 5.66 毫米水下突击步枪是披露于世的第一支水下突击步枪，主要供特种部队与武装蛙人作战时使用，也可用于攻击水域中的鲨鱼和其他危险动物。二战结束后，苏联和美国各自建立了华约和北约两大军事集团，使世界陷入了长达四十余年的冷战。为了扩大各自在全球的影响力和势力范围，美苏双方都非常重视进行以情报战和制造敌方内部混乱为主的秘密战争，频繁派遣各种人员秘密潜入对方国家及其盟国。由于任务的特殊性，秘密作战人员的兵器装备需求与常规部队有很大不同。自 20 世纪 60 年代起，双方开发研制了大量形形色色的特种作战武器。20 世纪 60 年代后，英、德、美等国家纷纷开始研制水下枪械，如英国为水下特种部队研制的 6 管单发"巴拉"手枪，德国 HK 公司研制的 P11 水下手枪以及美国 AA1 公司研制的 6 管手枪，但这些水下枪械均属非自动武器且均为单手握持的水下手枪，而苏联的 APS 水下突击步枪则是世界上研制成功的第一支水下自动步枪。该枪于 20 世纪 70 年代中期开始装备苏联水下特种部队，由于保密较为成功，时隔 20 年后方为西方国家的情报部门所侦知。

APS 水下手枪及子弹

　　APS 5.66 毫米水下突击步枪是一支由 AK 系统衍生出来的水下枪支，采用导气式自动原理，回转式枪机，开膛待击。机匣左侧有一个保险 / 快慢机柄，可选择半自动或全自动射击方式。导气系统采用专利技术的自动调节导气箍，从而使该枪在水底或水面上也能正常工作。瞄准为不可调的缺口式照门和准星。伸缩式枪托由钢丝制成。APS 水下突击步枪整个设计中最麻烦的是供弹机构，主要由于 MPS 弹形状细长，必须避免供弹时同时推两发甚至三发子弹进膛。前后尺寸很宽的弹匣由聚合物制成，容弹量为 26 发。由于水压对弹头飞行及枪机运动所产生的阻力不同，因此在水下的射速和有效射程取决于使用时的深度。

APS 在水下发射瞬间

　　当人们第一眼看到 APS 5.66 毫米水下突击步枪时，都会惊叹它的体积近普通弹匣两倍的大弹匣，但当看过其使用的 MPS 5.66 毫米钢制大长径比箭形子弹后，也就对其弹匣"庞大"的身躯不足为怪了。APS 5.66 毫米水下突击步枪的弹匣主要由弹匣体部件、托弹簧部件和弹匣底板组成。弹匣广泛采用工程塑料，以减轻其重量，弹匣后抱弹口嵌有钢板，弹匣体上部有加强筋，以满足其使用强度。由于 APS 5.66 毫米水下步枪弹全长 150 毫米，常规弹匣结构很难保证供弹可靠，因此在弹匣前部嵌入一块中央隔板，以此将弹匣内两排枪弹弹头分开，使枪弹在弹匣内始终保持正确供弹姿态。APS 5.66 毫米水下突击步枪的弹匣不同于常规弹匣的另一特点是，其设有前后两个抱弹口。后抱弹口与普通弹匣相同，以保证供弹开始时枪弹按照正确供弹路线运行；前抱弹口由两个分别点铆在弹匣左右壁的弹簧片组成，可对枪弹前部进行定位，以解决由于枪弹过长、供弹行程过长而引起的供弹轨迹不确定的问题。另外，弹匣底部近似"S"形，这是因为此弹匣采用半簧供弹（即托弹簧的宽度只有弹匣宽度的一半左右），且托弹簧较长，设计为"S"形可减小弹匣体积，减轻重量，从而提高全枪的机动性。而且由于该枪没有前护木，弹匣设计为"S"形便于射击时握持。

携带 APS 水下突击步枪的俄罗斯特种兵

除此之外，APS 5.66 毫米水下突击步枪的威力虽然超过 SPP-1 水下手枪，但其体积较大，需要花较长时间瞄准，尤其出水后枪管和大而扁平的弹匣内灌满了水时更加影响摆动速度。虽然 APS 水下突击步枪在对付反蛙人海豚时有更大的停止作用，但是俄罗斯的战斗蛙人更喜欢在水下使用 SPP-1 水下手枪，而在水面上使用 AK 步枪。总而言之，APS 5.66 毫米水下突击步枪的优点表现在全枪结构简单、零部件少；重量轻 (2.7kg)、机动性好；使用安全可靠，操作简单；水下射程远、威力大；机匣、机匣盖等采用冲压件，工艺性、经济性较好；弹匣结构合理，供弹可靠性高。但该枪也存在一些不足之处，其人机工程欠佳，如拉机柄工作面为方形，在不戴手套操作时很不舒服，连接销扳把与快慢机把容易产生钩挂现象；没有刺刀挂装接口，而刺刀是水下战士必不可少的武器；弹匣盖板虽可保证误操作情况下的安全性，但由于其运动行程设计不够合理，使其自动机受到意外阻力，后坐稍有不到位的情况下就会发生停机故障。所以 APS 5.66 毫米水下突击步枪是世界上研制成功并装备部队的第一支水下自动步枪，对世界各国同类武器研究具有较大的借鉴价值，其在世界轻武器发展史上，写下了重要一笔。

APS 适合在水下执行特种任务

NO.48　拐弯枪是如何实现拐弯射击的？

　　拐弯枪是一种绕过拐角观察和射击目标的高技术武器系统，由于作战人员身体的任何部分都无须暴露在外，从而起到了保护作战人员的作用。2003年，美国与以色列共同研究的拐弯枪在以色列亮相。拐弯射击武器的应用开始于"一战"时期，在"一战"的西线战场，战壕逐渐成为主要的战争形式。士兵利用战壕和掩体进行隐蔽，然而，在隐蔽自己的同时，也遮挡了自己的视线，为了使瞄准射击时士兵的脑袋不暴露在敌人的火力之下，在战壕潜望镜的启发下，英国人发明了最原始的战壕潜射步枪。真正意义上的拐弯枪最早诞生于德国。第一次世界大战后期，德国研制了一种带有弯度的管套，这种管套能够套在步枪的枪口上使用，套管与枪管用木柄固定。后来，被美国、苏联钻研了几十年的"拐弯枪"取得了突破，设计者为以色列人阿莫斯·戈兰 (Amos Golan)，他于 2003 年设计的拐弯枪射击武器系统由两个部分组成，前半部分是手枪和彩色摄像头，后半部是枪托。该拐弯枪号称当时世界最先进的新式"拐弯枪"系统，并希望用于全球反恐，这种"拐弯枪"适于在城市巷战等特殊的战术环境，如开放或封闭的建筑物空间中使用，并被以军特种部队装备。

该枪发明者阿莫斯·戈兰

拐弯枪实战训练

　　拐弯枪系统能够与世界上的大多数自动手枪（如格洛克、SIG Sauer、CZ、伯莱塔等系列手枪）装配使用。系统包括高分辨率袖珍摄像机和监视器，使作战人员能够从各个有利位置观察目标。可拆卸式摄像机能使部队在确定目标位置前对目标区域进行扫描，并直接将观察到的信息立即发送给后面的作战部队或后方作战指挥所的监视器。由于作战人员可通过安装在拐弯枪后部的液晶显示监视器观察和瞄准，拐弯枪可精确部署于任何角落。据称，拐弯枪非常适于全球恐怖作战。在现代作战环境中，尤其是低强度冲突，该枪可使士兵不用暴露在敌方火力之下，并显著增强其收集信息和传送作战信息的能力，在敌人的瞄准线外定位并攻击目标。而且拐弯枪可向四周转动枪头，快速移动到射击位置，手不需要离开武器，从而缩短反应时间，提高突然交战时的射击精度。射击者无须暴露自己，隐避在墙角的一侧就能向另一侧射击，枪上设有摄像头和液晶显示器，可通过它来观察敌情，再通过瞄准摄像头进行瞄准，尤其是在与持枪歹徒对峙时，可减少无谓的伤亡。由于反恐战的需要，在军事上对单兵战斗武器的要求越来越高，无论在军队还是警队中应用该枪，都可以提高近距离搏斗和城市战的战斗力。在特殊的狙击作战时，在拐弯枪上安上消音器时，更是如虎添翼。除此之外，拐弯枪设计合理，其操作比较简单，一般射手稍加训练便能掌握拐弯射击要领，熟练射手一秒内就能连续完成拐弯、瞄准、射击动作，并命中 10 米处目标。该枪射击部分使用手枪既能减小后坐力保证精度，又满足了城市作战近距射击的战术要求。手枪的有效射程通常是 50 米，而城市反恐作战射击距离大都在 20 米以内，室内射击距离有时只有几米，而这正是手枪快速精确射击的距离。由于拐弯枪可用枪托抵肩射击，前架拐弯后有后坐消音器缓冲，实弹射击的命中精度较高。

士兵演示拐弯枪的使用

拐弯枪使用角度

NO.49 泰瑟枪 M26 型与 X26 型有何区别？

泰瑟枪是由美国泰瑟公司制造的电枪，它是一种与电击棒完全不同的武器，虽然两者同样是利用电流作为攻击动能，但泰瑟枪在发射后会有两支针头连导线直接击进对方体内，继而利用电流击倒对方。泰瑟枪没有子弹，它是靠发射带电"飞镖"来制服目标的。它的外形与普通手枪十分相似，里面有一个充满氮气的气压弹夹。扣动扳机后，弹夹中的高压氮气迅速释放，将枪膛中的两个电极发射出来。两个电极就像两个小"飞镖"，它们前面有倒钩，后面连着细绝缘铜线，命中目标后，倒钩可以钩住犯罪嫌疑人的衣服，枪膛中的电池则通过绝缘铜线释放出高压，令罪犯浑身肌肉痉挛，缩成一团。

泰瑟枪并不是新鲜事物，1974 年第一代泰瑟枪就已经问世，至今，泰瑟枪已被使用了数十年，无论在街头巷尾还是在电影屏幕上都能见到其身影。然而今天的泰瑟枪与 20 年前的泰瑟枪相比已大相径庭，无论其结构还是性能都要先进、实用得多。

现代意义的泰瑟枪实际上是从 M26 型开始的。1998 年，泰瑟公司开始了一个研制项目，是为警察研制一种更具威力的高能电击枪，随时能够制服那些一时神智失常、极具危险性的暴力分子。1999 年，经过几次大规模的演示活动后，人们发现 M26 型在设计和功能上远比老式泰瑟枪先进，而且可靠。在制止俄勒冈州国家监狱暴动的行动中，M26 型的表现很出色，发挥了重要作用，赢得了狱警的广泛赞誉，从此 M26 型在美国得到大范围推广。

尽管泰瑟 M26 型安全、有效，而且使用也很方便，但是该枪体积大而且很笨重，将其挂在执勤者腰带上很不舒服，尤其是当警察执勤腰带上已经挂满催泪喷射器、伸缩警棍、备用弹匣、手铐和无线电话的情况下，更是不堪重负。为了解决这一问题，泰瑟公司开始进行技术攻关，经过一段时间的努力，最终诞生了 X26 型电击枪。

X26 型与 M26 型具有同样的功能，但是与 M26 型相比，X26 型的体积和重量却减小了 60%，并且更高效。泰瑟公司在解释 M26 型与 X26 型作用效果的区别时用了一个有趣的比喻，他们将先进泰瑟 M26 型比作一把攻城槌，为了攻入"城门"（衣服和皮肤的电阻），费很大劲，它要用每秒 18 个脉冲中的每一个去将"门"击倒。而 X26 型的成形脉冲则不必将"门"击倒，它带有一把"钥匙"，打开"门"，使其为流动的电流敞开着。因为 X26 型的功率比 M26 型小，因此可以用较小的电池供电，从而使武器外形变小。

X26 型泰瑟枪

泰瑟枪拆卸图

泰瑟枪套装

NO.50　枪口发射型与附加型榴弹发射器有何区别?

榴弹发射器是一种以枪炮原理发射小型榴弹的武器，因其外形和结构酷似步枪或机枪，故人们常称之为"榴弹枪"。榴弹发射器体积小、火力猛，有较强的面杀伤威力和一定的破甲能力，主要用于毁伤开阔地带和掩蔽工事内的有生目标及轻装甲目标，为步兵提供火力支援。

榴弹发射器主要可分为三类：第一类是单独作为一件武器使用，称为肩射型榴弹发射器，类似于手枪或短霰弹枪。这种榴弹发射器可以前装或者后装，通常由单兵携带和使用，可以如步枪一样抵肩射击，或挟于腰间射击，也可置于地面如迫击炮般射击；另外两类武器是以非独立的形式使用，即枪口发射型和附加型榴弹发射器。

从二战开始，一些主要国家的步枪都可以发射枪榴弹，当时的方法是在步枪枪口安装一个筒形、杆形或其他结构的发射装置，填入专用的枪榴弹或者对手榴弹做一定改装（如增加尾管等），并在步枪枪膛装填空包弹，用步枪上附加的瞄准具瞄准后击发，以空包弹产生的火药气体推动榴弹飞行。这种发射方式的发射装置就是枪口型榴弹发射器，通常是以步枪附件的形式配发。

到二战后，也有部分步枪在设计时就将榴弹发射器作为膛口装置固定下来（如南斯拉夫仿 SKS 半自动步枪制造的 M59/66 步枪）。后来，新型枪榴弹的设计在榴弹尾管中增加了捕捉器，可以直接用普通弹击发，弹头被榴弹尾管的捕捉器捕获。时至今日，枪口发射型榴弹发射器由于发射准备烦琐、反应速度慢、瞄准困难，已经很少使用。

附加型榴弹发射器通常也被称为"枪挂式榴弹发射器"，将发射筒以某种方式平行固定于步枪或其他步兵武器的身管旁，利用步枪本身或特别附加的瞄准具进行瞄准。其射击方式通常是与步枪相似的抵肩射击方法，必要时也可采用迫击炮式发射方法。这种方式将榴弹发射器和步枪结合为一体，从而更加紧凑，由单兵使用和携带，通常不占用编制。

典型的附加型榴弹发射器有 M203 榴弹发射器（美国）、M320 榴弹发射器（美国）、HK 79 榴弹发射器（德国）、HK AG36 榴弹发射器（德国）、FN EGLM 榴弹发射器（比利时）、GP25 榴弹发射器（俄罗斯）等。附加型榴弹发射器一般也可通过增加肩托、握把等组件改装成肩射型榴弹发射器。

此外，有一些附加型榴弹发射器无须增加握把等组件就可作为肩射型榴弹发射器，如 HK AG36、M320 等。

美国 M203 榴弹发射器

美国 M320 榴弹发射器

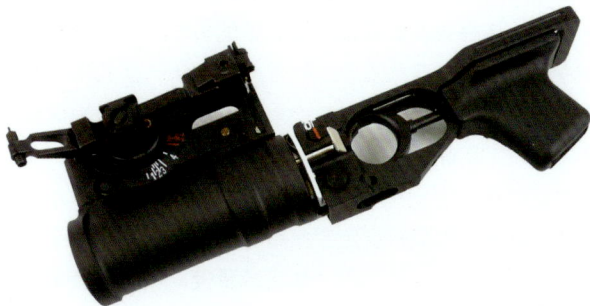

俄罗斯 GP-25 榴弹发射器

德国 HK AG36 榴弹发射器

NO.51　枪挂榴弹发射器未来有哪些发展趋势？

枪挂式榴弹发射器作为一种重要的单兵装备，从诞生之初，就以射程远（相对手榴弹）、威力大、重量轻、使用方便而得到了广泛应用。枪挂式榴弹发射器发展到今天，已经有几十年的历史了，但基本原理、基本构造依然没有太大的变化。凭借自身在增强单兵火力方面的重要作用，枪挂榴弹发射器还将继续发挥重要的作用。

枪挂榴弹发射器除了配合突击步枪使用外，还可以独立使用，可由单兵携带和使用，可以如步枪一样抵肩射击，或挟于腰间射击，亦可置于地面如迫击炮般射击。

枪挂榴弹发射器未来发展趋势主要有下述几点。

- 与枪械高度整合，大幅增加信息化水平

目前主流的枪挂榴弹发射器依然是简单的机械瞄准，发射触发引信。其精度不足，杀伤效果差，而且易产生附带杀伤。新一代的未来单兵作战系统已经初见端倪，单兵的信息化水平在不久的将来肯定会大幅提升，单兵武器也必须与单兵信息化装备相衔接才行。

枪挂榴弹发射器作为一种附加在枪械上的武器，最好的办法自然就是与主枪械高度整合。未来的步枪肯定会使用电子瞄准具作为主要瞄准手段，枪挂榴弹发射器正好可以与步枪共用一套瞄准装备，既大幅提高了性能，又不增加重量。这方面，F2000 就是很好的设计。共用瞄准具只是提高信息化水平的一方面，武器本身也要改进。比如，使用可编程榴弹，定点、定向引爆，增强杀伤效果。

- 使用多种弹药，提高多用途能力

单兵通常面对各种不同的威胁，增加弹种可以提高步兵应对不同威胁的能力。

- 进一步减小体积、重量

目前主流的枪挂榴弹发射器口径是 35 或 40 毫米，系统重量大，而且 40 毫米榴弹体积还要超过普通手榴弹，单兵无法携带太多。未来可以通过改进使用材料来降低系统重量；同时使用新型发射药和战斗部，减小弹药体积。

士兵使用带有枪挂式榴弹发射器的 M4A1 卡宾枪

装有枪挂榴弹发射器的 M16A1 步枪

士兵给榴弹发射器加装榴弹

NO.52　信号枪的主要特点是什么？

信号枪作为军事上的辅助装备，主要用于夜间战场小范围的信号指示、照明与观察，指示军事行动或显示战场情况以帮助指战员作出正确判断，因而是一种必不可少的装备。此外，信号枪还可用于和平目的，如海上或沙漠中搜索、营救以及夜间管理等。在现代战争中，随着夜战比重的增大，信号枪的作用与地位也将得到进一步的重视和加强。

信号枪与照明器材通常有两大类：一类是由信号枪和信号弹或照明弹共同组成的系统；另一类是发射装置与弹合二为一的系统。前者能重复使用，后者只能一次性使用。在能重复使用的信号枪或发射装置中，有信号手枪、钢笔式信号枪、防暴枪、榴弹发射器以及其他各种信号弹或照明弹专用发射器。发射装置与弹合一的一次性使用的信号或照明系统中，通常都是采用手持发射的信号火箭或照明火箭。

一般来说，小范围信号枪与照明器材具有以下特点。

（1）结构简单、使用方便。信号手枪、钢笔式微型信号枪及其他各种信号弹或照明弹发射器，均属发射一定口径弹药的专用信号枪或发射装置。它们不仅结构简单，操作使用方便，而且可以重复使用，具有较长的使用寿命，一直是世界各国广泛使用的产品。特别是钢笔式微型信号枪及专用信号弹或照明弹发射器，结构更简单、质量和尺寸更小，但射高稍低、信号持续时间稍短、发光强度较弱，多作为个人遇险时发射紧急求救信号使用。

（2）口径多在 20 ～ 40 毫米。信号手枪口径通常大于 20 毫米，标准口径有 26.5 毫米、37/38 毫米和 40 毫米三种。钢笔式微型信号枪及专用信号弹或照明弹发射器口径稍小，多在 20 毫米以下。用防暴枪及榴弹发射器发射的专用信号弹或照明弹，则口径较大，为 38 毫米或 40 毫米，所以发光强度大、射高比信号手枪远、发光持续时间长，但弹药成本要稍高。

（3）可发射不同颜色的弹药。信号手枪、钢笔式微型信号枪及其他各种信号弹或照明弹发射器，发射的弹药既有单星与多星、带降落伞与不带降落伞之区别，颜色也有红、黄、绿、白等多种，而且具有一定的射高、持续发光时间及发光强度。

手持发射的信号火箭与照明火箭通常是把带发火装置的发射管与信号或照明火箭组合成一体。其信号或照明火箭亦有不同颜色、带降落伞与不带降落伞的区别，信号或照明持续时间长、射高远、发光强度大，但体积与质量也稍大，成本比一般信号弹或照明弹高。

德国 HK P2A1 信号枪

美国 AN-M8 信号枪

NO.53　气枪主要有哪些类型？

　　气枪（Air gun）是所有用高压气体为动力发射弹丸的枪械的统称，包括气步枪、气手枪、气霰弹枪等。绝大多数气枪使用 .177 口径（4.5 毫米）、两头粗中间细的金属粒弹丸，因此也称为粒丸枪。一些专门设计用来发射球状金属弹珠的气枪被统称为 BB 枪（原因是这种气枪最早设计是用来发射直径 4.57 毫米的 BB 号鸟弹、铅丸）。除此之外，也有一些使用飞镖弹的气枪被称为镖弹气枪或气动针击枪，如果所发射的飞镖弹上载有麻醉剂则称为麻醉枪，以及发射普通箭矢的箭矢枪，也称气弩。

　　气枪与常见的火器类枪械最大的不同是弹丸动能来源。火器依赖火药等推进剂的剧烈燃烧产生高能量膨胀气体来推动弹丸，动能来源于放热化学反应；而气枪则使用物理手段（气泵）加压的气体喷射弹丸，动能来源不牵涉化学反应。气枪动能产生的气体加压要远远低于火器，因此气枪的威力（枪口动能）也通常大大弱于火器类枪械。

　　气枪根据动力组的设计主要可以分成三大类：弹簧活塞式、气动式和二氧化碳。这三种设计在气步枪和气手枪上均有应用。

　　弹簧活塞式气枪的动力组分由螺旋弹簧和活塞气泵两部分组成。使用时通过扳动压簧杆将弹簧压缩，使其蓄有弹性势能；扣动扳机时被压缩的弹簧得到释放，在伸展反弹的过程中推动气泵的活塞在气缸中高速运动，并将缸中的空气迅速加压并通过气缸嘴迅速推出至枪膛，进而推动弹丸在枪管内前进。这种类型气枪的枪口初速最高可达 380 米 / 秒，超过标准声速，但是由于铅弹的空气动力学外形导致其速度受到激波的影响较为严重，会导致弹丸飞行稳定性下降。

　　气动式气枪使用内部储存的压缩空气为动力，主要分为压气式和预充气式两种。通常枪内有一个储气腔或者气瓶，利用杠杆活塞或者外部气源为其充气加压，然后再瞬间释放气压来喷射弹丸。

　　二氧化碳气枪旧称压缩气体枪，但因为如今市面上的产品基本上都使用压缩二氧化碳，因此被概括称为二氧化碳枪。该类型动力也是气动式的一种，通常将气压势能储存于 12 克容量的压缩二氧化碳气瓶中，这种气瓶通常是一次性使用，但是也有少量可充气式二氧化碳气瓶应用于彩弹枪。二氧化碳气瓶的优点是结构简单并且不需要释压安全阀，其缺点是一次性使用、成本较高，而且工作气压低于预充气动力。

意大利伯奈利"凯特"气手枪（预充气）

美国"秃鹰"气步枪

日本制造的二氧化碳气枪

NO.54　枪械是否可以使用除传统弹药之外的全新弹药？

　　枪械是可以使用全新弹药的，FN P90 冲锋枪就是一个很好的例子，该枪是世界上第一支使用了全新弹药的个人防卫武器。

　　二战后，突击步枪开始兴起，冲锋枪退居第二线，成为非直接参加战斗人员的装备。非直接参加战斗人员虽未参与实际的战斗，但他们所肩负的任务更加重要，例如后方指挥机构人员。由于战术的变化，后方被袭击的概率很大，而且他们配备的冲锋枪却难以对袭击他们的人员产生威胁，所以单兵自卫武器出现了。它可以让非作战人员未经长期训练，也有能力应付配备突击步枪、军用防弹装备敌方战斗人员的袭击。

　　FN 公司意识到，当时现成的子弹，包括手枪、步枪子弹已不能满足个人防卫武器的要求，于是在 1986 年开始研发全新的子弹 SS90 及新款枪械 P90 冲锋枪，原型枪于同年 10 月进行测试，后来至 1993 年，共试产了 3000 支 P90 冲锋枪。

P90 使用的枪弹

SS90 子弹原来是塑料弹头，之后的 SS190 子弹则采用较重的半铝半钢制弹头，并将弹头缩短 2.7 毫米以适应 FN 研发的新手枪，另外，使用 SS190 子弹的 P90 冲锋枪弹匣也在 1993 年推出。

FN P90 冲锋枪

P90 冲锋枪小巧、便携，弹容量更大（50 发）、火力更猛，能击穿军用防弹衣，后坐力低、结构简单可靠而易于保养。P90 使用顶置弹匣、无托设计，所以虽然枪身很短，但枪管仍有 263 毫米，这就让子弹拥有相当高的初速。重点是，P90 所使用的 5.7×28 毫米子弹，不仅威力极大（可以击穿手枪和冲锋枪不能击穿的防弹衣），还能将后坐力降到比手枪和冲锋枪还低。

　　虽然 P90 冲锋枪在诞生时，并没有其他枪械能达到个人防卫武器的要求，但刚巧冷战结束，各国对个人防卫武器的需求突然消失，原先预期的大量订单落空，另外由于 P90 冲锋枪使用的是全新规格的子弹，这也对该枪的推广产生了一定的影响，但是该枪凭借着优秀的性能，还是有许多国家订购并使用。

FN P90 冲锋枪及其子弹

使用 FN P90 冲锋枪进行射击

NO.56　手枪弹、步枪弹和机枪弹有何区别？

现在各国军队的班组级别部队，一般都装备着三种枪支。它们分别是手枪、步枪和机枪，当然班级作战单位也配备有狙击步枪。这几种枪支是有区别的，搭配的弹药也是有区别的。手枪弹、步枪弹和机枪弹的主要区别在于弹药外形上和弹药的口径上。

各种军用定装弹

在三种弹药的外形上，各国使用的手枪弹药基本上都是圆形弹头和直筒弹壳。当然也有瓶形弹壳，这属于比较少见的情况。目前手枪弹的外形依然还是以圆形弹头和直筒弹壳为主。步枪弹和机枪弹区别不是很大，基本都是流线型弹和瓶型弹壳。步枪弹有时候和机枪弹是可以通用的。

在三种弹药的口径上，现在手枪的弹药口径一般都是9毫米，也有的是5.8毫米。现在几乎没有小口径的手枪弹药，因为口径太小手枪的威力也就随之变小。步枪的弹药口径现在主要是5.56毫米和7.62毫米，同样的通用机枪弹药也是这样的口径。现在各国军队普遍装备的机枪就是通用机枪。步枪弹药和机枪弹药是可以通用的，就是为了方便战场上的补给，所以步枪所使用的弹药与机枪所使用的弹药是没有什么区别。除了通用机枪以外，其他机枪还是与步枪的弹药在口径上有所区别。比如高射机枪和坦克上面装备的机枪就属于 12.7 毫米的口径。在执行作战任务的战车上也会装备车载机枪，口径一般为 14.5 毫米。

5.7×28 毫米手枪弹

使用 5.7×28 毫米手枪弹的 FN57 手枪

现代常用步枪弹

NO.57　枪弹的发展趋势是什么？

枪弹是枪械威力的最终体现，因为枪弹的性能除可直接影响武器的威力外，枪弹的结构尺寸及膛压大小对武器结构亦有很大的影响。目前枪弹的发展趋势主要有以下几点。

（1）完善现有装备枪弹的性能。由于今后一段时间内，传统结构的枪械仍将是各国的主要轻武器装备。因此，改善现有枪弹的性能已成为目前许多国家提高轻武器系统效能的主要途径之一。采取的重要措施是：采用密实装药技术，在不改变药室体积和武器膛压的前提下，可以增加装药量、提高枪弹初速；采用钨合金等高密度材料弹头提高枪弹的侵彻能力；采用易碎弹体结构，使大口径机枪弹具备穿甲、爆炸、燃烧和杀伤等多种功能。

　　（2）研究全新结构枪弹。双头（多头）弹或集束箭形弹、无壳弹和塑料弹壳埋头弹，这些非常规枪弹仍具有发展潜力，可能成为提高轻武器系统效能的又一途径。俄罗斯的 12.7×108 毫米双弹头穿甲燃烧曳光弹和穿甲燃烧弹，初速为 750 米 / 秒，能穿透 100 米距离上的 5 毫米厚钢板。奥地利 VEC91 式 5.56×26 毫米无壳弹，弹头埋入硝化纤维发射药柱内，初速可达 1006 米 / 秒。

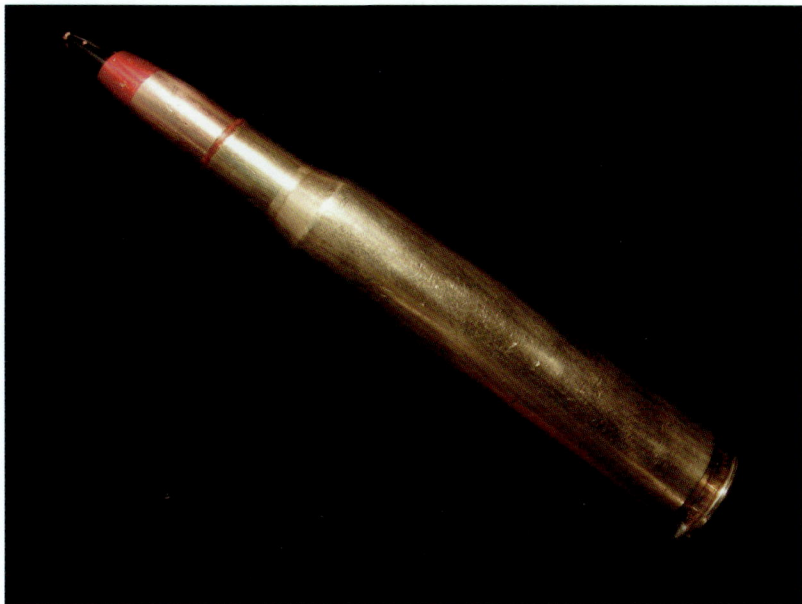

俄罗斯 12.7×108 毫米枪弹

　　（3）发展新口径枪弹。枪弹口径的优劣是以武器系统的终点效能、射程和便携性来综合评价的。根据轻武器的作战使命，今后仍会有新口径枪弹出现，例如比利时研制成功的配用于 P90 个人自卫武器的 SS190 式 5.7 毫米枪弹，俄罗斯研制的 6 毫米步枪弹。

　　（4）采用新材料、新工艺。新材料和新工艺的应用可能是枪弹发展的重要趋势。例如美国在 5.56 毫米和 7.62 毫米枪弹弹头上涂覆聚四氟乙烯工程塑料，以增强枪弹对装甲目标的侵彻能力。俄罗斯新研制的 7.62 毫米微声手枪，其消声作用不是通过常见的消声器，而是凭借发射具有消声功能的特殊枪弹实现的。

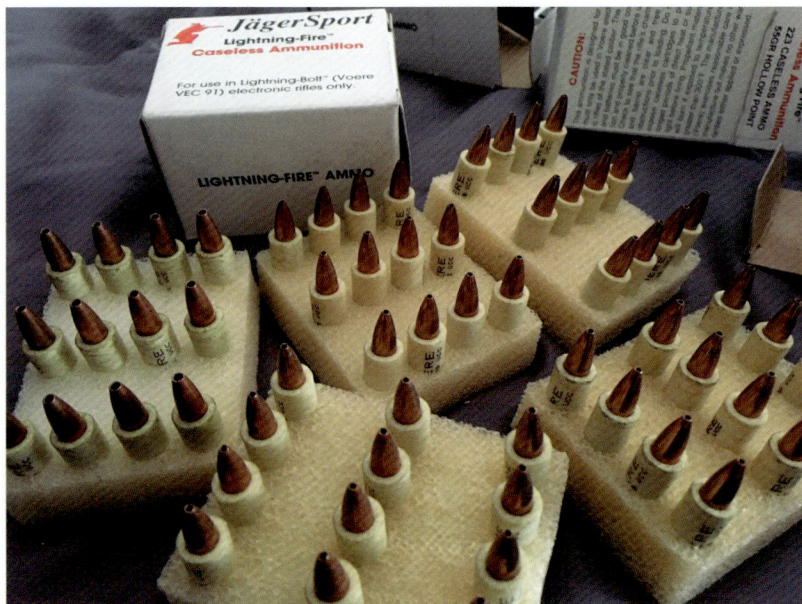

奥地利 VEC91 式无壳弹

Part 02

枪械实战篇

枪械不仅是单兵最常见的装备，也是在部队列装范围最广的装备。无论是在一线作战的精锐部队，还是代表国家形象的礼仪部队，均装备了枪这一基本武器，因为枪是一个国家武装力量的象征，代表一个国家的军事实力。在军队中，小到列兵，大到将军，都必须能够熟练使用部队装备的制式枪支。

NO.58 美国 M3 冲锋枪被称为"注油枪"的原因是什么？

M3 冲锋枪是美国通用公司在第二次世界大战时期量产的一款口径为 11.43 毫米的冲锋枪。在 1942 年年底就已经开始服役，美国大量生产 M3 旨在用它来取代成本相对昂贵的汤姆森冲锋枪。

M3 冲锋枪

汤姆森冲锋枪拆卸图

　　而且 M3 也是在一定需求背景下才研发设计出来的。当时美军感觉到冲锋枪将在西欧战场发挥巨大作用，尤其是在见识到德国的 9 毫米鲁格弹 MP40 冲锋枪与英国的斯登冲锋枪之后，受到启发的美国在同年 10 月份就开始研发 M3 冲锋枪，在当时而言，就好比是美国版的斯登冲锋枪。美国军工武器管理机构当时给出的要求是 M3 必须采用全金属枪身，尽可能让它在改进少数零件后就能使用 9 毫米鲁格弹。这样一来不仅容易使用，还能在功能和造价上与斯登冲锋枪媲美，于是 12 月份，廉价的 M3 冲锋枪就诞生了。M3 冲锋枪采用开放式枪机，反冲自动原理，还采用大量廉价且不太精密的零件，大大缩短了装配工时。全枪只有枪管和枪机等少量部件进行了精密加工。它在量产之后又增设了安装在枪管上的防火帽，颇受美军的喜爱。

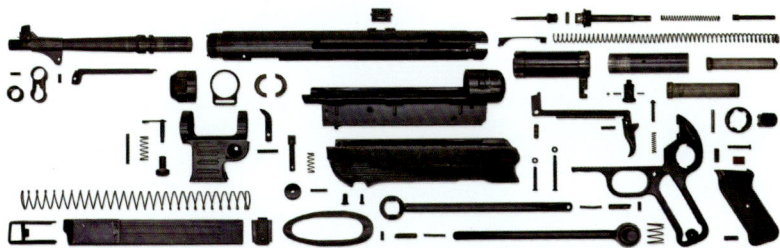

MP40 冲锋枪拆卸图

MP40 冲锋枪衍生型及弹匣

英国的斯登冲锋枪三视图

9 毫米鲁格弹

其实"注油枪"的绰号源自它的外形。它整体来看有点像当时汽车美容用的润滑油枪，所以美军士兵给他们的爱枪起了这样一个绰号。

NO.59　冲锋枪从诞生到现在经历了怎样的历程?

冲锋枪是双手持握、发射手枪子弹的单兵连发枪械。它是介于手枪和机枪之间的武器，比步枪短小轻便，便于突然开火，射速高，火力猛，适用于近战或冲锋，因而得名"冲锋枪"，也曾被称作"手提机关枪"。

在第一次世界大战中，同盟国和协约国都发现一个问题：当它们想发起攻击时，它们能动用的仅仅是步兵和有限的火炮支援，而防守方有重机枪，铁丝网，堑壕等。很明显，步兵手里的栓动步枪并不能有效应对进攻作战中的各种威胁。

对此，法国人造出了绍沙 M1915 式 8 毫米轻机枪，而他们的对手德国人制造出了 MP18 冲锋枪。MP18 冲锋枪在后来被中国军阀大量购买，被称为"花机关"。这两种武器的设计思路虽然有所不同，但是设计目的是一致的：提高步兵部队的火力，以更好地完成进攻任务。冲锋枪在二战期间达到鼎盛。

绍沙 M1915 机枪

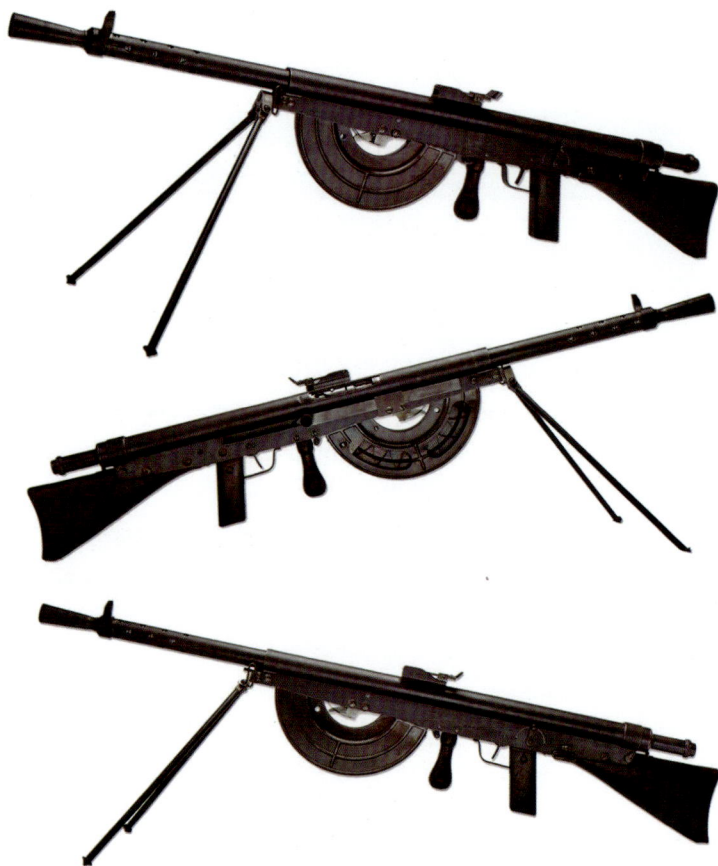

M1915 机枪不同角度特写

MP18 冲锋枪

MP18 冲锋枪及枪套

二战结束之后，冲锋枪的作用日渐式微。由于突击步枪成为步兵标准武器，冲锋枪更多地用于特种环境作战用途。突出发展了短小轻便，且可单手射击的轻型、微型冲锋枪。有些以小的短枪管自动步枪作为冲锋枪，如美国斯通纳枪族中的 63 式、柯尔特 AR-15、德国 HK53 式等，以更好地完成常规冲锋枪的战斗使命。

63 式冲锋枪使用的 7.62×51 毫米北约弹

63 式冲锋枪

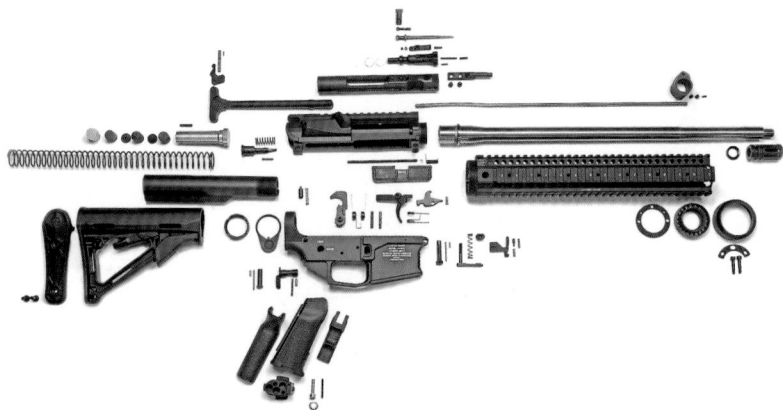

AR-15 自动步枪拆卸图

AR-15 自动步枪

HK53 突击步枪

近 20 年来，使用手枪弹的常规冲锋枪进一步向多功能化、系列化的方向发展。通过配用各种光学瞄准镜、消声器，使其具备了多种功能。甚至出现了集手枪、冲锋枪和短管自动步枪三者性能于一身的个人自卫武器，代表性的有比利时的 FNP90 式、德国的 MP5K 式等。这类武器均有结构紧凑、操作轻便、人机工程性能好和火力密集等共同特点。现如今最先进的冲锋枪大概就是 Vector 冲锋枪。

MP5K 冲锋枪

NO.60　霰弹枪的杀伤效果与其他枪械有何区别？

霰弹枪，是指无膛线（滑膛）并以发射霰弹为主的枪械，一般外形和大小与半自动步枪相似，但与后者明显不同的是前者有较大的口径和粗大的枪管，部分型号无准星或标尺，口径一般达到 18.2 毫米。霰弹枪的旧称为猎枪或滑膛枪，现在有时又被称为鸟枪。军用霰弹枪又称战斗霰弹枪 (Shotgun)，是一种在近距离内以发射霰弹为主，杀伤有生目标的单人滑膛武器。

霰弹枪是近战命中率最高的枪支。其弹药由十数个弹丸组成，发射出去后形成较大的散布面，不需要精确瞄准，在压力环境下的命中率较高，而且近距离作战移动速度快，如果使用其他手枪或步枪，很难保证命中率。除了威力外，在近距离作战时霰弹枪在命中率方面也是有着相当大的优势的。研究表明，在近距离作战中射手很难进行精确度较高的射击，只能在一个安全范围内尽量保证精度，而由于霰弹枪子弹在击发后会形成一个"面"（多弹头弹），因此射手在大概瞄准的情况下即可保证命中率。而且，当交火环境为室内等狭窄环境时，霰弹枪更是有着惊人的压制能力（子弹覆盖面太大，敌方很难在霰弹枪持续火力下进行有效反击）。众所周知，由于枪弹特点（大口径独头弹或多弹头霰弹），霰弹枪有着其他枪械所无法比拟的杀伤力，尤其是在近距离对人体等目标的杀伤力霰弹枪更是枪械中的王者。在双方近距离交火时，使用射手可以依靠霰弹枪轻松地使敌方丧失行动能力，而这是其他枪械所无法做到的。

霰弹枪是一种以发射霰弹为主的滑膛枪械。霰弹是一种装有铅弹丸或霰弹块的子弹。大部分的霰弹设计成在滑膛枪管中击发。霰弹枪具有口径很大但初速较低的特性，而很易把能量都释放在近距离的目标上。在近距离的杀伤力极大，也适合射击快速移动的目标，但在对远距离或被防护良好的目标无效。

霰弹枪击发过程

美国士兵正在使用霰弹枪

对霰弹枪进行卸弹

海军陆战队成员在战舰上进行霰弹枪射击训练

NO.61　左轮手枪通过哪些方法实现连发射击？

　　左轮手枪可分为单动左轮手枪和联动左轮手枪，单动左轮手枪为老式左轮，其通过扣动扳机带动弹巢旋转到位，然后触发击锤，最后击锤需要手工扳回到待击发的状态实现连发，简单来说，人的动作速度决定开枪的速度。而联动左轮手枪为新式左轮手枪，其通过扣动扳机来触发一系列机械装置，在转动弹仓的同时，使击针触发子弹实现连发射击，具体为：首先扳机杆向后推动击铁，击铁后移时，会压缩枪托（枪柄）里的一根金属弹簧。同时，附在扳机上的制转杆会推动棘齿来带动旋转弹膛旋转。这可以将下一个后膛弹腔转到枪管的前面。另一根制转杆嵌在旋转弹膛上的一小块凹陷处。这会将旋转弹膛停在特定位置，以便它与枪管完全排在一条直线上。当一直向后推扳机杆时，它会释放击铁。压缩的弹簧将击铁向前弹出。击铁上的撞针一直贯穿整个枪身，并能撞击到雷帽。雷帽爆炸，就会点燃推进剂。推进剂燃烧后会释放出大量的气体。气压会驱动弹头飞出枪管。此时，气体还会导致弹壳膨胀，暂时封住弹腔，所以膨胀的气体都会向前推而不是向后压。

纳甘 M1895 左轮手枪及使用的子弹

左轮手枪弹巢特写

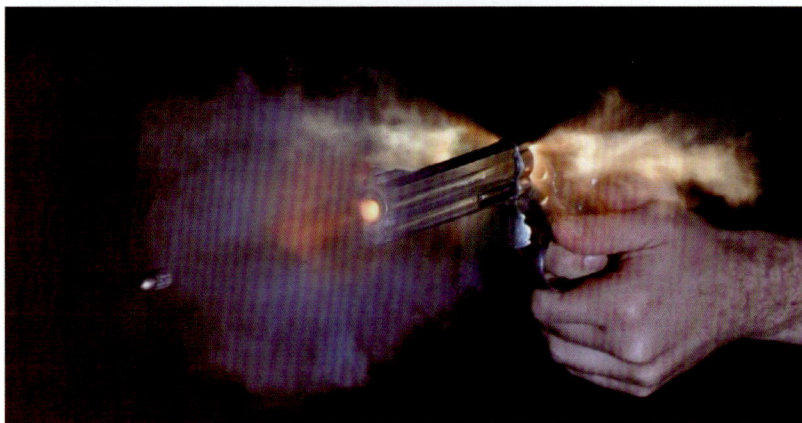

左轮手枪击发瞬间

柯尔特左轮手枪模型

NO.62 机枪的枪管过热时能通过什么方式快速降温？

　　在具备全自动射击功能的连发枪械中，枪管过热一直是一个非常恼人的问题。首先枪管发热的直接原因是枪管发热的大部分热源来自火药燃气的冲刷，小部分热源来自弹头与枪管内壁的挤压摩擦。从本质上看，在枪弹火药燃气的能量利用比率中，弹丸在飞出枪口时能够获得其中45%。其余除了燃气（还带有很高热量）自身喷发流散、通过各种方式驱动枪械抽出抛飞弹壳并推动下一发子弹上膛等步骤要消耗一部分以外，几乎全部能量都被用在加热枪管上了。而对于每分钟射速达到600发（绝大多数步机枪不低于这个值）或者更高的自动武器来说，持续发射数百发、上千发子弹需要的时间相当少，即使算上更换弹匣、弹链的时间，枪械的散热速度也远远跟不上升温速度。这种情况演变到最后，不仅会导致枪管的膨胀变形严重，枪弹与枪管膛线的嵌入和气密效果也会变差，造成子弹的精度和射程严重下降，而且会导致子弹上膛以后，枪弹受枪膛高温加热引起自燃击发，造成走火事故和枪械故障。自动步枪和机枪的关键设计差异之一，就是绝大多数步枪其实只打单发和短连发，因此步枪不需要过多地考虑散热能力，而是要能做得更轻巧、打得更精准。以古老的马克沁机枪为例，它采用的就是水冷式结构，只要裹着枪管的水箱（Water Jacket，直译水护套）不被烧干，枪管温度就不会超过100℃太多。水冷的效果毋庸置疑，但是它太笨重，而且很多时候根本不好找水——现在回头看当时的战场回忆录，机枪手用尿来代替水是很普遍的现象，但缺水到了那种程度，尿也不会有多少了。为了强化战场适应性，机枪也开始采用风冷设计：枪管在外面装置了大量的鳍片——这和电脑CPU散热器的原理相同，即增大枪管质量，使之能容纳更多热量、减缓升温速度的同时将自身接触外界空气的表面积加大数十倍乃至于上百倍，极大的地加快了降温速度。

　　鳍片风冷设计解决了水的问题，但没有解决重的问题。于是后来又研发了一些更有效率的散热装置，其散热方式如引射冷却——利用枪口的火药高速气流，抽动外界空气从后方流经枪管表面，以及快速更换枪管——打得太热了就先换一根冷的，等新的打热了再把那根已经冷却的换上，如此反复。

除了在枪管上做文章以外，机枪和步枪的内部结构往往也差异很大。比如自动枪械可以使用闭膛待击和开膛待击两种形式，闭膛待击是指枪械先把子弹推进枪膛，然后射手需要射击时，直接释放／敲打击针就能打响子弹。这种方式的优点是子弹在枪膛内的位置稳定性好、击发瞬间枪械部件运动冲击小，因此精度很好，其缺点是闭膛待击堵死了枪管，极不利于空气流动散热，而且在枪管高温的情况下，子弹停留在枪膛中也会显著增大走火和事故的概率。因此强调连发性能的武器——包括机枪和大多数冲锋枪，往往会选择开膛待击而牺牲射击精度；它们只在射手扣动扳机以后，枪机才会向前运动，推动子弹上膛并随即击发。

为了能兼顾散热能力和精度，国外一些新型机枪已经实现了结构上的创新，在全自动射击时将自动射击转换为开膛待击模式；而在半自动射击时，自动采用闭膛待击模式。不过这些枪械目前并没有得到大规模的实战考验，其可靠性尚有待验证。

子弹在飞离装有消焰器的枪口瞬间时的气体释放

发射中的机枪

勃朗宁 M2 重机枪

勃朗宁 M2 重机枪及弹链

NO.63　专业狙击步枪大多只能单发射击的原因是什么?

　　我们发现狙击手每开一枪就会重复拉一下枪栓，让子弹再次上膛。为什么狙击步枪不能和其他枪械一样自动上膛呢? 自动步枪要实现连发就必须在枪管上开个导气孔，让火药气体通过导气孔推动活塞向后运动，从而让枪机后坐使子弹上膛，但在枪管开孔会影响子弹的稳定性，减小弹头动能，不能很好地获得高精度远射程，所以高精度的狙击步枪都是单发栓动式的。

　　狙击步枪由于其特殊的作战用途，所以极其强调射击精度，而像半自动步枪等由于其结构较为复杂，因此在射击精度上往往不如手动步枪。而正因为如此，很多著名的高精度狙击步枪，往往是栓动步枪，比如，著名的 M40 狙击步枪，M200 狙击步枪，L96 狙击步枪等。

Blaser 战术 2 型狙击步枪

　　另一方面，狙杀的目标都是具有重要价值的敌军目标，这些目标会被敌军重点保护，一般情况下对这些目标的狙杀机会非常难得。所以狙击步枪的要求就是精准和威力，追求一击必杀，以及对自身的隐藏，减少因开枪引起的自身暴露问题，所以对持续火力要求就没那么高了。而枪械的自动上膛原理，自动步枪需要依靠子弹发射一瞬间的气体推动子弹上膛，而子弹上膛那一刻的枪栓移动和火药气体流失的动作和子弹射击发生在一起，都会对子弹的精准度和威力产生重要的影响。而手动的狙击步枪将步骤分散，消除了这方面的影响，所以专业狙击步枪大多只能单发射击。

手持 M110 狙击步枪的美军士兵进入防御阵地

南非士兵使用 NTW-20 狙击步枪

枪盒中的 L42A1 狙击步枪

NO.64　狙击手经常用布条缠绕狙击步枪的原因是什么？

大家有没有注意到狙击手所使用的狙击步枪时常会缠绕着不起眼的布条，从美观性角度来分析的话，它确实影响观瞻。但是从实用性方面来分析的话，它却具有非常大的用途。

第一，正规作战时狙击枪缠布条可以防止金属件反光，同时可以掩盖枪支原有的外形，起到伪装作用，使之融入自然环境。第二，能防止因手部出汗而据枪不稳，《雪豹》的截图中在狙击镜上缠布条是防止镜片反光暴露位置，其实缠布是因为防滑或防冻。在长期持枪的过程中，手心会出汗，导致夏天打滑冬天冻手。缠一块布会吸收手掌渗出的汗液，有利于长久持枪。第三，便于伪装，布条采用与隐蔽射击位置背景相近的颜色，可以避免因枪支本身的颜色与背景颜色不一致而暴露目标；同时避免枪支与周围硬物发生磕碰而产生声响；第四，枪支射击后枪管等金属温度迅速升高，容易被敌红外和热成像观察设备发现。使用布条包裹枪身，特别是枪管等金属部件，可以降低枪身的红外特征。

　　当然，狙击枪缠布条也会带来了不可避免的负面影响。第一，无论使用布条还是专用的伪装网，沾土后都不容易清除，容易对枪身表面产生磨损，特别是在枪匣抛壳窗的部位，容易使沾上的尘土杂物通过抛壳窗进入机匣。第二，布条的吸水性远大于枪身的金属部件和涂漆的木制部件，而狙击手的射击位置又大多选择在植被茂密的地点，在这样比较潮湿的环境下，枪身在缠布吸水后，容易加速枪身金属部件的锈蚀。因此，狙击手每次执行任务后，都要对枪身缠布进行清洁或者更换，并对枪支进行擦拭保养。而像我们观看的电影中那样枪身缠上布再也不动的现象现实中根本不存在。

使用 M24 狙击步枪的美军狙击手与侦查员

巴雷特 MRAD
狙击步枪

西班牙海军士兵在护卫舰上试射 M95 狙击步枪

俄罗斯 SV-98 狙击步枪

NO.65　狙击步枪比普通步枪精度更高的原因是什么？

　　狙击步枪大多用于远程攻击目标，其攻击距离一般为 800~2000 米（如果是反器材步枪最远可达 4000 米），狙击手可以说就是古代的刺客，要求一击必杀，很少有第二次机会（目标是移动的）。这就从实用的角度要求狙击步枪必须比一般突击步枪或冲锋枪更精准。

在一战和二战及之后的相当长的时期内，狙击步枪其实就是由普通步枪安装了狙击镜并稍加改装而来，比如，著名的莫辛纳干狙击步枪，就是加装了一个 4 倍的光学瞄具，而像毛瑟 98K 狙击步枪等同样如此，不过由于德国光学产业发展好，使用的是高性能的蔡司公司制造的 6 倍光学瞄具。不过这些步枪一般都是从普通步枪中选择一些精度相对较好的，再加装瞄准镜，然后就成了狙击步枪。而其实在拆除瞄准镜之后，和普通步枪几乎是没有区别的。而在二战之后的相当长时间内，很多狙击步枪也是在普通步枪的基础上稍加改装而成的。比如，越南战争期间的 M21 狙击步枪，就是由美军 M14 步枪改进而成的，不过改进的地方比较多，比如，加装了支架，不再使用普通枪管。再比如，著名的 G3SG1 狙击步枪、PSG1 狙击步枪，其实都是德国 G3 突击步枪的衍生物，但是 PSG1 则选用了更好的狙击型枪管并在其他方面有所改进。

为 M82A1M 狙击步枪安装瞄准镜

而作为专用型的狙击步枪，比如，美军 M40A5、俄罗斯 SV 98 等，这些狙击步枪的精度都很高，原因就在于首先其是手动步枪，不能半自动发射，这就减少了对机械部件的需求，因此使其精度更好。其次，其使用的枪管也

是很好的，比普通步枪的枪管要长而且较厚，射击精度更得到了保障，现在很多狙击步枪开始流行采用浮置式枪管设计，在日常使用中枪管更不容易变形，精度得到了保障。而且狙击步枪使用的子弹一般是有别于普通步枪弹的，其弹道性能也更好，而现在的各种高倍率瞄准具也使狙击手在作战时能够更好地观瞄敌方目标。

美军使用 M82 狙击步枪进行阵地防御

英国 AWP 狙击步枪

使用 TAC-50 狙击步枪的美军士兵

NO.66 狙击步枪有哪些发射方式？

狙击步枪分可为非自动和半自动两种。

非自动狙击步枪多采用旋转后拉式枪机，需单发装弹，射击精度较高。射击后需向上、向后拉动枪机解锁，将弹壳抛出，然后向前、向下闭锁，推入第二发枪弹，即可继续射击。采用旋转后拉式枪机的步枪早在第一次世界大战时就已出现，美军最早的旋转后拉枪机式狙击步枪就是由"一战"时美军所装备的 M1903 步枪改进而来。旋转后拉枪机式狙击步枪，技术成熟，射击时抛壳保险，故障率低，射击精度相对较高，几乎不存在卡壳问题。但是射击速度慢、重新装填需要的时间长是它在使用中的一大弊端，射击时时间间隔较长，弹夹携带弹药量少（一般在 5 发到 10 发不等）在执行掩护任务或用狙击火力覆盖某一区域以震慑这一区域的敌人时与半自动狙击步枪相比更加吃力。AWM 狙击步枪就属于非自动狙击步枪。

半自动狙击步枪利用活塞导气式系统完成退锁、抛壳、推弹、闭锁等一系列动作，以进行半自动射击。步枪射击时，产生的火药气体除了将子弹射出枪管外，同时还会使枪产生后坐力。利用部分火药气体的动力使枪完成开锁、退壳、送弹和重新闭锁等一系列动作。在城市巷战中半自动狙击步枪虽然是最好的选择，但是由于半自动狙击步枪的零件较多，影响射击精度的因素也随之增加。半自动狙击步枪的机匣内部具有更多的活动部件，所以其射击精度相对较低。但是其相对更快的射速使反应能力大大提高，可在同一时间内连续击杀多个目标。所以半自动狙击步枪成为现代战争中狙击步枪的主流射击系统，其携弹量大大提高，可达到 10 发至 20 发不等，相对其稳定性不如传统非自动狙击步枪，所以它适宜执行压制狙击任务和应用于城市巷战中。但是远距离击杀单一目标却没有非自动狙击步枪保险。

狙击步枪发射瞬间

狙击步枪发射时产生的火焰

搭在两脚架上的 M82 狙击步枪

俄罗斯研制的 VSS 微声狙击步枪

NO.67　影响狙击步枪射击精度的因素有哪些？

　　狙击手通常要在常规作战距离以外进行远距离精确射击，那么如何提高射击准确度就成了狙击手关注的中心主题。影响狙击步枪远距离射击准确度的主要有五个因素：枪弹的散布精度、枪械的射控精度、光学瞄具的精度、自然环境对射击精度的影响、狙击手的综合素质。

　　枪弹的散布精度。二战以前，狙击步枪大多使用普通的步枪弹，但是随着狙击与反狙击作战的升级，人们发现普通步枪弹的散布精度已不能满足更远距离精确打击的需要，因此各国都开始研制和生产专供狙击步枪使用的高精度狙击步枪弹。普通步枪弹与高精度狙击步枪弹虽在外观上几乎没有区别，但其总体设计思想不同，体现在弹头结构上有很大差异。高精度狙击步枪弹在设计上就是要千方百计地保证弹头在有效射距内具有稳定的弹道，而不必过多考虑生产工艺性和生产成本。美国等许多西方国家大都把高精度枪弹作为军用狙击步枪弹的发展基础。

狙击手正在使用狙击步枪执行任务

　　狙击步枪的射控精度。MOA（Minute of Angle）为西方国家常用的计算射击精度的角度单位，翻译成中文即"角分"，按照这套考核方法，在相同的 MOA 数条件下，射击距离越远，枪的射击精度就越高。狙击步枪根据其精度能力可分为高精度（或超高精度）狙击步枪和普通精度狙击步枪，前者通常采用非自动发射方式以追求高散布精度，后者通常采用半自动发射方式以追求战斗射速、散布精度和全枪重量等综合作战性能。例如，美国军队装备有各类狙击步枪，其中最好的半自动型 7.62 毫米狙击步枪只能在 300 米以内保证 5 发弹的散布直径小于 1 个 MOA 数（即小于 8.73 厘米）。而单发装填的非自动 7.62 毫米狙击步枪在 500 米距离以内可保证 5 发弹的射击散布直径小于 1 个 MOA 数（即小于 14.55 厘米）。目前美军装备的大口径 12.7 毫米非自动狙击步枪在 900 米距离可保证 5 发弹的射击散布直径小于 0.5 个 MOA 数（即小于 13.09 厘米）。

士兵以手动方式将 M40 狙击步枪射击后的弹壳排出枪机

光学瞄准镜的精度。现今，高精度中程狙击步枪能在 1000 米距离上对人体目标有 90% 以上的狙杀概率，大口径狙击步枪能在 1500 米距离上对人体目标有 60% 以上的狙杀概率，这就对瞄准镜的精度提出了更高的要求。例如，要求瞄准 1500 米位置的人体目标，需要 15 倍左右的放大倍率，此时瞄准镜的视场角已经很小，会妨碍狙击手的快速搜索定位，因此最佳的优选方案就是采用变倍式狙击瞄准镜，先用小倍率锁定大致方位，再用大倍率精确瞄准。瞄准镜倍率并不是越大越好，倍率过大会使技术难度提高，还会带来负面影响，因此，第一需要增大物镜口径和光学透镜加工精度（相当于增加光信息采集量并减少信息失真），第二需要增大物镜焦距从而增大成像高度以提高瞄准精度（相当于增加机械瞄准的基线长度），由此还会引起瞄准近距离目标时的瞄准视差增大，因此还要增加一个复杂的消除视差的装置。为提高远距离射击精度，测距变得越来越重要。目前，国际上通常的做法是将狙击手与观瞄手组成一个狙击小组，观瞄手使用望远镜和手持测距机搜索、观察并测量目标距离，然后告诉狙击手，狙击手再根据弹种参数调整瞄准镜上的距离装定手轮，然后再对目标进行瞄准射击。

士兵正在使用巴雷特 M82 狙击步枪

　　自然环境对射击精度的影响。在枪弹出膛到击中目标的这段时间内，外界环境温度、海拔高度、风速、大气能见度、光照等自然条件都会对射手的瞄准和枪弹外弹道造成影响。武器研制方应该做大量的试验总结积累经验参数供狙击手参考，狙击手则要根据自己的实际经验和具体的自然条件进行综合修正判定。目前世界上最远的击中人体目标的记录，是 2002 年美军在阿富汗执行名为"水蟒行动"的反恐行动中创造的。当时一名叫罗布·弗隆的加拿大下士，使用一支美国麦克米兰公司生产的 TAC-50 12.7 毫米狙击步枪（配用 16 倍瞄准镜），在 2.43 千米距离上击毙了一名塔利班士兵（一共射击了 3 枪，第一枪打空，第二枪命中背包，随即第三枪补射才打中）。TAC-50 狙击步枪的枪口初速为 850 米/秒，枪弹出膛后飞行了约 2.5 秒（垂直下落了 20 多米），这样的弹道抛物线是令人吃惊的。这次战例除了狙击手的技术和运气之外，与当时的气候、环境也有很大的关系。水蟒行动中的阿富汗山区平均海拔在 3000 米以上，这样的高度下空气相对稀薄，地球引力也随之减小，因此外界因素对枪弹飞行的干扰就较低海拔地区少了很多。有这样的环境条件，加上弗隆丰富的狙击经验，才创造了如此令人难以置信的纪录。

　　狙击手综合素质。打造高精度狙击步枪武器系统的同时，不能忽视对高素质优秀狙击手的素质培养。狙击步枪在实战中效能的发挥最终由狙击手来完成和体现。目前国际上高精度狙击步枪的散布精度已经达到了很高的水准，射击水平的差异开始更多地体现在射手的个人素质上。

狙击步枪的瞄准镜所捕捉的画面

NO.68　手枪射击时有哪些瞄准方式？

　　手枪瞄准主要使用传统的缺口照门式瞄具，也就是前准星、后缺口的机械瞄具。基本瞄准原则是三点一线，以及准星缺口平正。三点一线是指目标中心、准星顶部中心和缺口顶部中心在一条直线上，瞄准的难度在于三点是否在同一直线。在几何定理中，两点可以确定一条直线，看到第一点再对向第二点即可，不管第一点第二点是缺口和准星，还是准星和目标，或者缺口和目标。三点一线首先要做到两点一线，然后保持两点一线不变，再将第三点放到这一条直线上来。与目标和枪的距离相比，准星与缺口的距离非常近，在瞄准之前，眼睛面对的方向应该正对目标，抬起手枪，准星、缺口的两点一线完成后，目标应该在这个两点一线的附近，当枪移到正确位置使得目标也重合在这条直线上时，瞄准就完成了。

　　按照射击速度的快慢，手枪射击瞄准技术可分为手枪慢射瞄准技术和手枪速射瞄准技术。

手枪射击瞄准示意图

手枪慢射瞄准时，瞄准区枪手可根据自己习惯进行选择，一般选择在靶纸下 2~4 环之间的位置上。注意保持枪面的一致，保持"平正准星"关系，保持动作的一致，保持枪支的平稳、自然晃动规律。做到视力回收，精力后移，"平正准星"景况清楚。准星与靶纸之间的关系不必苛求。生理学知识告诉我们，眼睛观察事物时，不可能同时看清楚在不同距离上的两个物体，射手在举枪时，枪支准星至眼睛的距离约为 600 毫米，而靶纸距离眼睛的距离为 50 米。如果眼睛看准星和照门时很清晰，那么看靶纸时就会比较模糊。

单手持枪瞄准的美国海军陆战队士兵

手枪速射瞄准是在运枪的过程中那一短暂的相对稳定时机完成的，其过程是：眼睛盯住靶纸的瞄准位置，当举枪进入靶区时，立即收视盯住"平正准星"关系，用眼睛的余光诱导枪支平稳进入瞄准区，适时完成击发。瞄准区一般选择在 10 环区。4 秒射击速度快，每靶射击时，几乎没有停枪的时间，当枪支指向目标时，即需完成击发。因此，4 秒射击的瞄准，应选择在每靶右面 10 环区（第一靶选在下 10 环区）的位置上。瞄区的范围大小取决于射手技术水平和其枪支的稳定程度。

双手持枪瞄准

NO.69　左轮手枪的威力普遍大于弹匣式手枪的原因是什么？

　　左轮手枪，也称转轮手枪。世界上第一支具有实用价值的左轮手枪是由美国人塞缪尔·柯尔特在 1835 年发明的。为此，塞缪尔·柯尔特用自己的名字创立了一个公司——柯尔特公司，专门生产左轮手枪。直至今天，柯尔特公司仍是轻武器业界的巨擘。以前的左轮手枪换弹时需要手动拨转弹巢上弹才能击发，而柯尔特左轮手枪扣动一次扳机即可联动完成转轮、待击发两步动作。所以柯尔特左轮手枪一经推出便轰动世界。

分解后的柯尔特 M1917 左轮手枪

弹匣式手枪用弹匣供弹，且弹匣供弹的手枪大多是自动手枪。自动手枪利用火药燃气的动力，自动完成抛出弹壳、推弹入膛的步骤。自动手枪的自动原理一般为自由枪机式和枪管短后坐式，也可采用延迟后坐式、导气式等。

柯尔特"蟒蛇"左轮手枪及其他配件

　　枪械的威力大小，一般由口径的大小所决定，子弹口径越大，威力自然就越大。一般来说，左轮手枪的口径普遍比自动手枪更大，子弹长度也比自动手枪的更长，所以装药更多。目前，世界上威力最大的手枪是美国史密斯·韦森公司生产的 M500 左轮手枪，此枪为 0.50 英寸（12.7 毫米）口径，发射 .50 马格努姆大威力手枪弹，由于子弹太大，一般的左轮手枪弹膛可装 6 发弹，而史密斯·韦森 M500 左轮手枪只能装下 5 发。该枪采用史密斯·韦森公司最大的 X 底把，是当今世界威力最大的批量生产的左轮手枪。虽然子弹的威力巨大，但 M500 左轮手枪的先进设计有助于减少持枪者的后坐感，这些设计包括轻盈的枪身、橡胶底把、配重块，以及特别设计的枪口制退器等。

史密斯·韦森 M500 左轮手枪

　　左轮手枪与自动手枪相比较，其优点有以下几点。

　　（1）左轮手枪的指向性好，结构简单，使用联动机构，能快速连续射击。

　　（2）左轮手枪的弹膛封闭不严，可产生强烈的心理威慑作用。

　　（3）左轮手枪的容弹量少，枪管与转轮之间有间隙，会漏气和冒烟，初速低，重新装填时间长。但是，由于该枪有一个特殊优点——可靠，特别是对瞎火弹的处理既可靠又便捷。所以，西方一些国家的警察对左轮手枪情有独钟，美国警察中 90% 的人也都偏爱使用左轮手枪。

　　（4）左轮手枪不会卡壳，但会卡轮；自动手枪不会卡轮，但会卡壳。不过就现代生产工艺而言，一支质量合格的手枪在寿命期内发生类似卡壳等故障的概率极低。

史密斯·韦森 M27 手枪套装

史密斯·韦森 M60 手枪弹巢特写

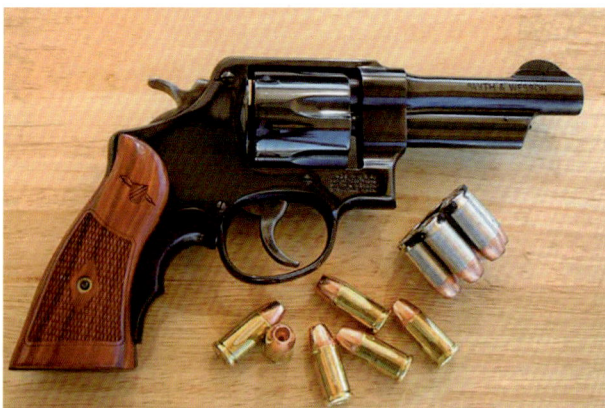

史密斯·韦森 M22 手枪及子弹

NO.70　军官配备的自卫武器有哪几种?

从设计理念上来说,手枪属于自卫武器,其有效射程一般为 50 米,作战距离一般在 30 米左右。手枪是一款强调近距离作战和隐蔽性的装备,其枪管较短,手枪子弹装药量小,保证不了高动能、高射速,一直以来在世界主要国家的常规步兵分队中,步兵都是不配手枪的,而主要配备小口径步枪,比如,美军的 M4A1 步枪和 M16 步枪、俄军的 AK-74 步枪和 AN-94 步枪等。

美国 M4A1 步枪

尽管小口径步枪具有种种优点,但对于那些一线步兵之外的军人来说仍然是一种不容易掌控和熟练使用的武器。小口径枪弹的特性决定其必须有足够长的枪管,以及相应的膛线缠距,才能发挥出最佳的杀伤破坏效能。以 M16A4 步枪和 AK-74 步枪这两种定位相同的突击步枪为例,M16A4 步枪全长 1000 毫米,AK-74 步枪全长也有 930 毫米,这样的尺寸大概没有几个人会喜欢整天端着它从狭小的车辆驾驶舱里钻进钻出,背着长家伙搬个东西、刨个坑、翻个墙、钻个窗户更是非常不便,所以携带步枪武器在一些场合是很麻烦的事情。

很多国家不愿意给步兵选配手枪主要是因为手枪作为小型枪械,多用于自卫,并作为近战防身武器使用,在军队中只配发军官、部分士官、野战医疗兵、飞行员、特种部队士兵、装甲战车乘员和驾驶员等战斗人员和非战斗人员。常规步兵分队作战以集群出动为主,50 米以内的近距离交火并不常见,在执行战斗任务时用到手枪的机会很少。

一般来说,军官不会在战斗编制里,只要有一定自卫能力就可以了,没必要使用火力更强的武器。反之，如果是编在战斗部队的军官，也会使用长枪。尉级军官，即连级以下军官在作战中一般使用长枪，因为他们是基层干部，需要战斗在最前沿。校级军官，即营级以上军官在作战中有时也会配备长枪，但一般很少有使用的机会。不论哪个级别的军官，都同时配备手枪，作为自卫之用，将军也不例外。士兵用长枪很正常，长枪射程远，且现代军队使用的长枪大多为自动步枪，无论是火力强度，还是持续性，都优于手枪。士官介于军官与士兵之间，一般在班长的级别，也会装备手枪，但主要武器仍为长枪，因为他们只是资深的士兵，仍然要直接参加战斗。

俄罗斯 AK-74 突击步枪

美国陆军军官正在练习手枪射击

美军士兵正在使用 M16 步枪执行任务

NO.71　手枪与步枪可以通过哪些方式增大有效射程？

有效射程（Effective Range）是武器对预定目标射击时，能达到预期的精度和威力所要求的距离。各种武器的有效射程通常依其性能和目标种类而定。"预期的精度和威力要求"，通俗点说，就是"打中你想打中的"和"干掉你想干掉的"。有效射程首先要保证的是精度，所谓的"超出射程"是指没有命中的把握了，但杀伤力还是绰绰有余的。

有效射程是一个仅具有参考意义的数据，因为"预期的精度和威力要求"都是人为给定的标准，跟战场的实际环境难免有所出入。有效射程 400 米的突击步枪，命中 600 米的目标也没什么好奇怪的；同样，有效射程 800 米的狙击步枪，也不能保证在射程内 100% 命中。精度涉及的因素太多，而人的能力总是有限的。

由于受到风、引力和地球曲面等因素的影响，子弹在有效射程和最大射程内，它的飞行轨迹都是抛物线（曲线）弹道。只不过子弹在有效射程内，其飞行弹道可以根据人为的射击经验来校正，以达到"打中你想打中的"的目的。而在有效射程与最大射程这个距离内，虽然子弹仍然具有杀伤力，但要想击中的目标将随着距离的加大而变得越发不可能。

枪械射击时有两个点，一个叫作 POI（point of impact，弹着点），一个叫作 POA（point of aim，瞄准点）。由于子弹的弹道是一个抛物线形状，因而 POI 与 POA 并不是每时每刻都会重合，所以就会产生标尺与划分，而归零点，也就是 POA 与这个距离上的 POI 重合。

一般来说，子弹无法击中和杀伤目标主要有两个原因：一是子弹在一定距离上由于空气阻力速度降低到一定值之后，所具有的动能不足以杀伤目标；二是子弹在射击一定距离之后，由于速度降低到 1.2 倍音速以下，子弹开始失稳，从而射击的弹着点范围开始变大，大到超过了标靶的尺寸而没有办法准确击中标靶。

提高有效射程的方法主要有两种：一是增大弹头质量，以提高子弹的动能，同样的空气阻力下，子弹保持速度的能力就会提高；二是提高子弹的初速。初速和弹头质量、子弹装药量、枪管长度有关。

美军士兵使用 M9 手枪射击

使用 M82 狙击步枪的美国陆军狙击手

美国海军陆战队狙击手在山区使用 M40 狙击步枪

NO.72 手枪主要有哪些持枪姿势？

（1）单手持枪法：手臂挺直，使枪、手臂处于同一条直线，并垂直于身体，左手顺势插握自己身体左侧部，右手虎口抓握枪柄，食指轻轻扣动扳机成待击发状态。瞄准准备击发时，右手抓握枪时力度要适中，不能过度用力，也不能让枪在击发时随意跳动，自我感觉合适即可，同时右眼、准星、枪身成一条直线直指目标。由于此姿势需到射击稳定的时间长，在运动过程中射击的稳定性差，一般不适用于实战射击。

（2）双手持枪法：利手（优势手）持枪的肩膀后拉，持枪一侧的脚退后一小步，身体侧转约 30°~45°；举枪时上身前倾，双肘关节微弯，持枪的手将枪向前推出，另一手掌轻轻包覆持枪手的指节，向后拉回；注意双肘关节仍然微弯，非持枪手的手掌并不用来支撑持枪手的掌缘（也就是说不置于握把下方）。这种射姿兼具了有效控制后坐力和能快速攫取目标的双重优点，是现代常用的手枪射姿之一。

根据个人的训练和习惯，双手持枪又有两种姿势，即茶杯式和推拉式。

茶杯式：利手持枪的肩膀后拉，持枪一侧的脚退后一小步，身体侧转约 30°~45°；举枪时上身前倾，双肘关节微弯，持枪的手将枪向前推出，另一手掌轻轻包覆持枪手的指节，向后拉回；注意双肘关节仍然微弯，非持枪手的手掌并不用来支撑持枪手的掌缘（也就是说不置于握把下方）。这种射姿兼具了有效控制后坐力和能快速攫取目标的双重优点，是现代常用的手枪射姿之一。

推拉式：左脚向前大半步，脚尖朝目标方向，或稍微右偏，右脚尖方向与目标呈 90°，两腿自然挺直，含胸拔背，整个身体与目标呈 45°；右手虎口对正握把后方，拇指自然伸直，用手掌肉厚部分和余指合力握住握把，食指贴于扳机上（食指内侧与枪之间应有不大的空隙）；右手前推，左手后拉，将枪握住，头部靠右侧倾斜，自然贴着右大臂，瞄准线与右手臂呈一直线，右眼与瞄准线重叠。

（3）韦佛式双手持枪法：两腿自然分开，两脚大概与肩同宽；侧身面对对方，即以自己左侧面的对方；右手持枪，伸至左肩前，左手握右手中、无名、小拇指，即左右手在手枪握把小重合；闭左眼，用右眼瞄准，头下压，肩下垂。韦佛式射击姿式是 20 世纪 60 年代美国洛杉矶世界射击运动员韦佛发明的，较其他以前的射击姿势有以下优点：射击的姿势比较稳定；便于保护自己，便于转换姿势；动作接近人体的自然反应。

双手持枪的美国海军士兵

双手持枪的美国陆军士兵

单手持枪的射击运动员

NO.73　步枪射击运动对姿势有何要求？

　　步枪射击是射击运动中开展最普遍、比赛项目最多的一种。步枪枪管较长，装有木托，瞄准射击时双手握枪，枪托抵肩，射手腮部贴于木托上，因而枪支晃动小，射击精度高。步枪射击运动在世界上很普及，欧洲国家开展更为广泛。瑞士一度在大口径步枪射击的世界锦标赛中占绝对优势，著名全能射手施泰里1898—1914年曾参加过17届世界射击锦标赛，共获得20枚金牌。

　　步枪射击的基本技术是掌握稳定一致的射击姿势，精确地进行瞄准和适时地扣动扳机。自从各种运动步枪采用觇视瞄准具后，瞄准动作简化，瞄准精度大为提高，优秀射手多着眼于研究射击姿势的稳定性和适时地扣动扳机技术。几十年来，步枪射击姿势有了很大变化。这种变化的主要特点是优秀射手不是墨守成规地搬用教范规定的所谓标准姿势，而是在规则许可范围内，自由地创造适合本人特点的新姿势。所以射击场上出现了因人而异、各具特点的射击姿势，这些姿势的变化都遵循着共同的原则：以最小的肌肉紧张程度保持枪支稳定；在长时间射击中保持姿势一致不变；为瞄准和扣动扳机创造最有利的条件。

扣动扳机是步枪射击的关键动作，姿势不稳定的立射，扣动扳机技术很难掌握，成为射击技术训练的重点。常用的扣动扳机方法有两种，一种是当枪支在瞄准区内微微晃动时，食指均匀地增加扣动扳机的压力，在似乎是不知不觉的情况下形成击发。另一种则是事先掌握枪支晃动规律，当枪支尚未精确瞄准时预先增加食指扣动扳机的压力，待枪支指向瞄准点时，立即击发。当然这两种扣动扳机方法各有利弊，射手可根据自身特点加以选择。

步枪射击有 3 种射击姿势：卧姿、立姿、跪姿。卧姿是步枪最基本的射击姿势，卧射时射手全身伏地双肘支撑在地面上，身体重心低，稳定性好。立姿是最不稳定的射击姿势，射手站立射击，身体重心高，无固定依托，枪支晃动大，瞄准和扣扳机都受到影响。跪姿的特点介于卧姿与立姿之间。

步枪卧姿射击

步枪站姿射击

NO.74　步枪主要有哪些类型？

　　步枪是一种单兵肩射的长管枪械，主要用于发射枪弹，杀伤暴露的有生目标，有效射程一般为 400 ～ 1000 米。短兵相接时，也可用刺刀和枪托进行白刃格斗，有的还可发射枪榴弹，并具有点、面杀伤和反装甲能力，是现代步兵的基本武器装备。

　　按自动化程度，步枪可分为非自动、半自动和全自动，现代步枪多为自动步枪。自动步枪有多种自动方式，包括枪机后坐式（自由枪机式和半自由枪机式）、管退式（枪管短后坐式和枪管长后坐式）、导气式（活塞长行程、活塞短行程和导气管式），但多数现代步枪的自动方式为导气式。

　　按使用的枪弹，步枪可分为大威力枪弹步枪、中间型威力枪弹步枪及小口径枪弹步枪。枪械的口径一般分三种：6 毫米以下为小口径，12 毫米以上（不超过 20 毫米）为大口径，介于二者之间为普通口径。如今使用较多的是 5 ～ 6 毫米的小口径步枪，其特点是初速大，弹道低伸，后坐力小，连发精度好，体积小，重量轻。例如美国 M16 突击步枪、英国 L85A1 突击步枪、法国 FAMAS 突击步枪、奥地利 AUG 突击步枪、比利时 FNC 突击步枪、以色列加利尔突击步枪、德国 HK G36 突击步枪，均为 5.56 毫米口径。

美国 M16 步枪

法国 FAMAS 步枪

奥地利 AUG 步枪

　　按用途，步枪可分为普通步枪、卡宾枪（骑枪）、突击步枪和狙击步枪。卡宾枪（骑枪）又称马枪，它的结构与步枪相同，只是枪身稍短，便于骑乘射击。卡宾枪是 15 世纪末开始研制的一种步枪，当时主要装备骑兵和炮兵，实际上它是一种缩短的轻型步枪，现代卡宾枪和自动步枪已无太大区别。在骑兵被淘汰后，卡宾枪也曾用作特种部队、军士和下级军官的基本武器，由于机动性和特种作战性能好，因此深受大家欢迎。

美国 M4 卡宾枪

　　突击步枪是根据现代战争的要求，将步枪和冲锋枪所固有的最佳战术技术性能成功地结合起来的一种枪械，具有类似冲锋枪的猛烈火力，以及接近普通步枪的射击威力。现多指各种类型的能全自动 / 半自动 / 点射方式射击、发射中间型威力枪弹或小口径步枪弹、有效射程 300 ～ 400 米左右的自动步枪。其特点是射速较高、射击稳定、后坐力适中、枪身短小轻便。

比利时 FNC 突击步枪

狙击步枪指在普通步枪中挑选或专门设计制造，射击精度高、距离远、可靠性好的专用步枪。军事上主要用于射击对方的重要目标（如指挥人员、车辆驾驶员、机枪手等）。狙击步枪的结构与普通步枪基本一致，区别在狙击步枪多装有高精度瞄准镜；枪管经过特别加工，精度非常高；射击时多以半自动方式或手动单发射击。

德国 MSG90 狙击步枪

NO.75　消音器的原理是什么？

消音器又称抑制器，是一种附加于枪械上的装置，它可用来降低该武器射击时所产生的爆炸声和火光，通常它是安装于枪管上的呈圆柱状的金属管。虽然抑制器常被称为消音器，但是实际上，所有抑制器都并不能完全使枪械在射击时静音。

绝大多数消音器的原理是使枪管内的火药燃气在喷出枪口之前，得以相对缓慢地膨胀，由于降低了气体喷出的速度，因此可显著地降低爆炸声。有些消音器也会采用和摩托车消音器类似的结构，即通过包体内部反射面的设计来增加音波的反射，使声音通过散射被消减掉。这种精细复杂的设计自然增加了这类消音器的设计和制造难度，因为它们需要非常精密的切割和组装工艺。由于这个原因，这类消音器通常体积较大，主要用于为大口径步枪提供强力消音效果。

大多数消音器可通过将螺纹结构反向旋转而从枪管上拆除，但另一些消音器则是和枪管连在一起的，因此只能通过拆除枪管来拆除消音器。这类消音器通常被称为整体式消音器。

美国陆军狙击手在狙击步枪上安装了消音器

消音器安装于使用亚音速弹药的手枪或冲锋枪时，可将射击时产生的噪音减弱为一种响亮的噼啪声，听起来像是木工在钉木板一类家具时所使用的射钉机发出的噪音，通常枪机运动的噪音会比实际的枪口发出的爆炸声大。但是在口径非常小的武器上，例如使用口径为 5.6 毫米这样的手枪或者冲锋枪时，子弹发射时产生的爆炸声会真正地被消除掉。

步枪在使用消音器时，尽管爆炸声被减弱了很大的程度，但一般来说仍可在数百米外听到枪声。与不装抑制器的区别在于，装了抑制器的步枪在发射子弹时，产生的爆炸声会有很大改变，会在某种程度上使之听上去不像是枪声，所以会降低或者消除来自敌方的警觉或注意力。

装有消音器的美国雷明顿 M2010 狙击步枪

NO.76　"三发点射"模式在越战后逐渐普及的原因是什么？

"三发点射"（3-round burst），也被称为"三连发"。在越战之前，

以及火药气体进入导气装置时产生的膛压变化等。虽然近距离射击时这些因素对精度影响有限，但对远程狙击来说，自动和半自动枪械上的微小自动机械动作会给子弹带来微小枪口作用力，经过距离的放大，就会产生巨大的射击精度误差。

例如，子弹还没飞出枪口，一部分火药气体进入导气装置带来膛压上的变化，导致子弹没有受到均匀变大的加速度作用，飞出枪口时肯定会有机械震动。另外，子弹还没飞出枪口，活塞就后退到位，解开了枪机锁，使枪机开始后坐，而枪机后坐力在受力中心位置上的微小变化和机械震动，必然对飞出枪口的弹头带来微小的横向或竖向的作用力，尽管这种力作用很微小，但弹头飞了很远的距离，其精度影响就显现出来了。

自动步枪和半自动步枪要想提高精度，就必须确保子弹还没有飞出枪口时，整个枪械没有任何机械动作或机械动作尽可能地小，所以自动步枪和半自动步枪一般用以下几种办法来解决精度问题。

一是采用吹气式导气结构，例如 AR15/M16 系列枪械。由于气体是可以压缩的，子弹在飞出枪口之前，导气管中的气体还没有达到可以推动枪机解锁后退的压力，因此子弹在飞出枪口之前根本没有任何机械动作，所以 AR15/M16 的高精度可以满足半自动狙击作战要求。

士兵正在使用 AR15 步枪进行射击训练

　　二是采用短行程活塞式导气结构配左右对称的枪机。例如 HK G36 或 FN SCAR 就是短行程活塞和左右对称枪机结构，短行程活塞导气式可以在子弹飞出枪口之前只有活塞在运动，其他零件机械没有任何运动，从而最大限度地减少子弹在枪口受到的机械震动。

士兵使用 HK G36 步枪执行任务

士兵使用 SCAR 步枪进行射击训练

M16 步枪及子弹

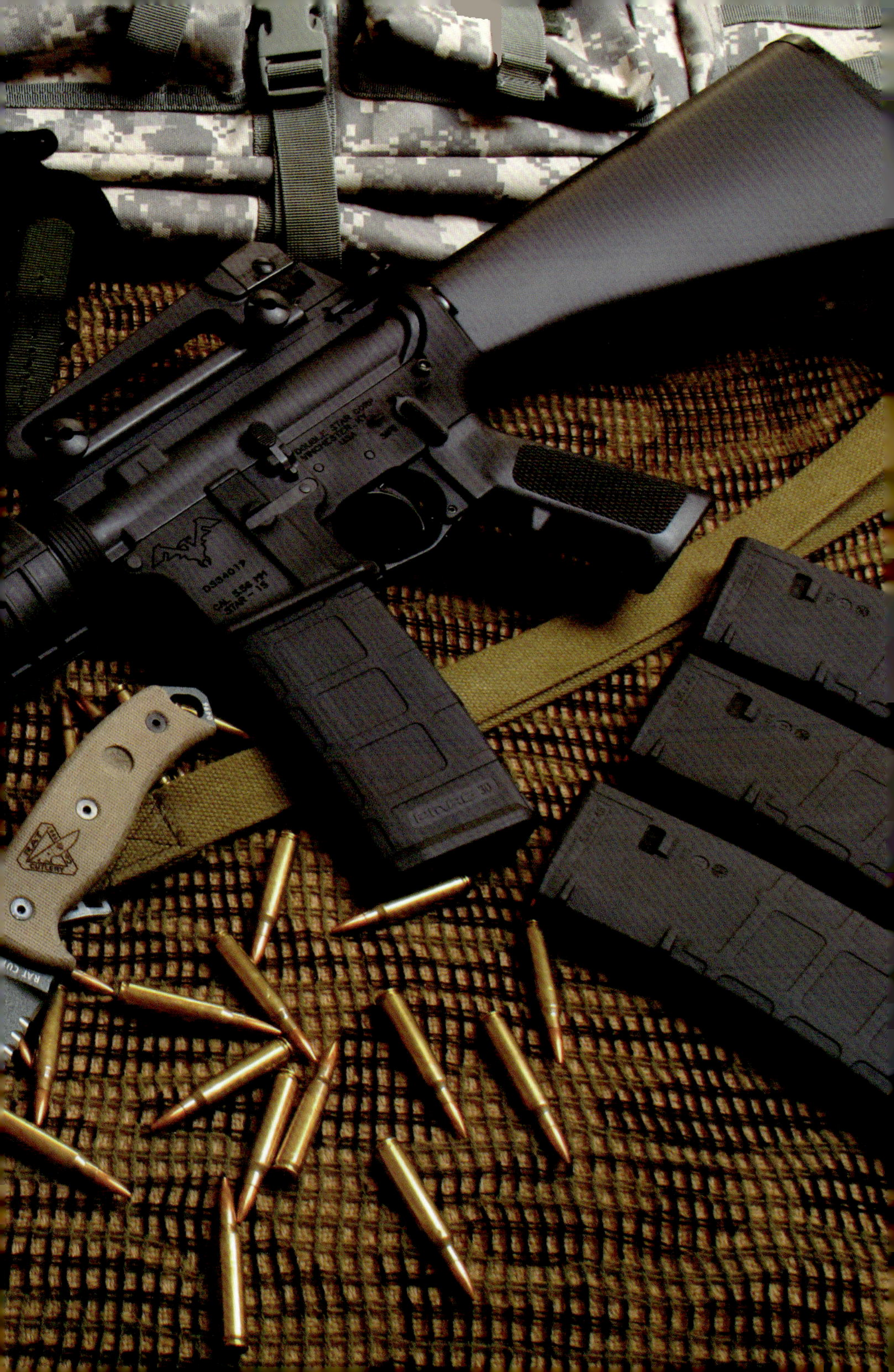
STAR - 15

三是采用类似于德国 PSG 狙击步枪的设计方式，能够控制极其严格的制造公差，所有的零件几乎是完全的结合，确保子弹在飞出枪口前受到的机械力向有益的方向作用，而不是向有害的方向作用。

PSG 狙击步枪

所以，反观非自动全封闭结构的旋转后拉枪机式枪械，击发后，只要子弹还在枪管里运动，基本上没有任何机械动作产生微小震动，子弹在飞出枪口时基本没有受到任何有害力的影响，再加上火药气体在那样的枪械结构中是全封闭的，少了导气结构，火药气体产生的能量全部作用在子弹上，所以它可以获得很高的精度。

NO.78　枪械在瞄准过程中怎么消除过强的光线对瞄准的影响？

枪械在瞄准过程中，光线一直是一个十分重要的因素，毕竟瞄准就是通过光线来瞄准的。当光线过强时也会对瞄准产生不利影响。

对于机械瞄具来说，强光容易让瞄具产生虚光。但是因为枪械瞄具一般进行了表面处理，只有在磨损之后，瞄具才可能在阳光下出现反光，从而形成虚像。很多枪械的前准星都有护翼，比如 M16 步枪，所以一般不会受到摩擦而发亮。现代步枪上常用的觇孔式瞄具（M16 步枪就采用了这种照门）因为其封闭的特性，受阳光的影响也比较小，不容易受虚光影响。

在射击时，如果对准的是虚光部分瞄准，弹着点偏高，射距偏远；如果对准黑实部分瞄准，弹着点偏低，射距偏近。如果阳光从侧面照过来，用虚光部分瞄准弹着点会向阳光方向偏，反之则会向与阳光相反的地方偏。

带有防眩光瞄准仪的 M16 步枪

使用 M16 进行瞄准射击

　　克服虚光的影响主要有两种方法：一是通过不断的视力回收，改变瞳孔对光的敏感度，从而消除准星上方的"虚光"；二是人为改变瞄准基线上方光线的强度，例如用人体遮挡太阳光直射的方向，给射手形成一个阴影区域。

　　此外，光学瞄准的精度和距离都更高，使用也更方便。强光照进瞄准镜对人眼的刺激更强，容易使人观察射击目标模糊，甚至看不清目标。为了避免强光进入瞄准镜，通常可在物镜前加装"遮阳筒"。狙击枪的瞄准镜上方都配有"遮阳筒"，这也是狙击枪瞄准镜看起来很长的原因。

M16 是美军使用频率相当高的制式武器

NO.79　MP40 冲锋枪被视为二战德国军人象征的原因是什么？

1939 年波兰战役以后，为了进一步简化生产工艺，提高生产效率，德国军工企业根据实战的经验，在 1940 年对 MP38 冲锋枪进行改进，使它造价更低，工时更少，安全性更高。这个改进的型号就是大名鼎鼎的 MP40 冲锋枪。在 1940 年至 1945 年间，德国一共生产了 104 万支 MP40 冲锋枪。手持 MP40 冲锋枪的士兵，后来成为二战中的德国军人的象征。

实际上，最早的 MP40 冲锋枪只是由装甲兵和空降部队使用，随着生产量的加大，MP40 冲锋枪开始装备基层部队，受到作战部队的热烈欢迎。战争中后期，MP40 冲锋枪在步兵单位的装备比率不断增加，大多优先配发给一线作战部队。

MP40 冲锋枪具有现代冲锋武器的几个最显著的特点。

（1）制造简单，造价低廉。MP40 冲锋枪取消枪身上传统的木制固定枪托、护木组件以及枪管护筒等粗大笨重的结构，主要部件都由钢片压制而成，连唯一较费工时的木质枪托，也由钢制折叠式枪托代替。全枪没有复杂的工艺，钢片压制的枪身可在一般工厂的流水线中随意制造，一般的初级技术工人依靠工具即可制造。机匣的下半部以重量很轻的铝材制造，枪的表面也没有磨光。总之，一切复杂的工艺全部取消。这样的设计思路，使 MP40 冲锋枪可以在德国各地的大小工厂中大量制造。

枪托展开后的 MP40 冲锋枪

（2）射击稳定，精度较高。在二战期间大量装备的冲锋武器中，MP40 冲锋枪具有较高的精度。由于后坐力很小，MP40 冲锋枪在有效射程内的射击精确度非常高。这主要还是来自 MP40 冲锋枪的设计思路。它采用自由枪机式工作原理，复进簧装在三节不同直径套叠的导管内，导管前端为击针。射击时，枪机后坐带动击针运动，并压缩导管内的复进簧，使复进簧平稳运动。另外，MP40 冲锋枪使用 9 毫米口径帕拉贝鲁姆手枪弹，以及较低的射速，也是它射击精度较高的原因。

（3）枪身短小。MP40 冲锋枪的枪身折叠以后，仅长 620 毫米，比各国的固定枪托武器都要短 200 毫米以上。这非常适合装甲兵、伞兵和山地部队士兵使用，尤其是在狭窄的车厢和飞机的机舱里。对于伞兵来说，MP40 冲锋枪短小精悍，火力猛烈，非常适合伞降使用。 早期在西线一系列的空降作战，包括空袭比利时的要塞、突袭荷兰、大规模空降克里特岛，

MP40 冲锋枪帮助德国伞兵部队完成一个又一个不可能完成的任务，他们密集短促的火力往往可以压制数量占绝对优势的盟军士兵。对于装甲兵来说，短小的 MP40 冲锋枪可以折叠后放在狭小的车厢里。对于山地步兵来说，由于山地战中敌我双方的距离都不会太远，重量较轻和火力较好的冲锋枪非常适合他们使用。

装有背带的 MP40 冲锋枪

NO.80　屡遭嘲笑的斯登冲锋枪也能成为一代名枪的原因是什么？

　　一战时，保守自大的英国对冲锋枪并不感兴趣，英国陆军断然拒绝了采用冲锋枪。二战初期，英联邦军队没有装备制式冲锋枪，面对拥有大量自动化轻武器的德军部队，在单兵火力上明显占下风。随后，英国枪械设计师雷金纳德·谢泼德和哈罗德·托宾在恩菲尔德兵工厂着手研发冲锋枪。新型冲锋枪研发成功后，取设计者谢泼德（Shepperd）和托宾（Turpin）姓氏的首字母和工厂名称恩菲尔德（Enfield）的前两个字母来命名，即"STEN"，中文音译为"斯登"。

斯登冲锋枪的结构非常简单，乍看似乎是由大小不等的管子组成的，枪管是圆的，套筒也是圆的，枪托也是圆的，枪机拉柄也是小圆管。于是有人嘲笑它，叫它"水管"冲锋枪。除了"水管工人的杰作""伍尔沃思玩具枪"和"臭气枪"外，斯登冲锋枪还有许多其他不堪入耳的称号，数量之多在枪械史上非常罕见。

斯登冲锋枪制造起来省工省料，成本非常低，每支枪的制造费用仅仅9美元。斯登冲锋枪主要有 7 个型号，分别是：Mk.I、Mk.II、Mk.II(S)、Mk.III、Mk.IV、Mk.V 和 Mk.VI。Mk.I 在 1941 年 6 月投产，制造数量较少。Mk.II 比 Mk.I 常用得多，它比 Mk.I 小和轻。有些 Mk.II 被加上消音器，型号为 Mk.II(S)，这是二战中唯一能安装消音器的冲锋枪。Mk.III 是 Mk.I 的改良型，1943 年开始装备部队。Mk.IV 是一种没有推出的缩短试验型，接近手枪尺寸。Mk.V 加装了木制主握把及前握把、木制固定枪托及刺刀座。Mk.VI 是最后一种改进型。

斯登冲锋枪的内部设计借鉴了德国 MP38/40 冲锋枪，因此英军士兵可以直接使用缴获的 MP38/40 冲锋枪弹匣和弹药。斯登冲锋枪的缺点也和MP38/40 冲锋枪一样，其保险仅仅是将枪机挂在后方位置的槽内以阻止击发，许多盟军士兵还没有到前线就被自己的冲锋枪击伤甚至毙命。有些军队规定士兵手持斯登冲锋枪时必须走在队伍前面，以避免误伤战友。英国士兵相信，只要将斯登冲锋枪扔出去，绝对会有走火的枪弹击毙敌人。很快，这种枪成了盟军士兵最痛恨的武器。不过，二战期间还是有 400 万支斯登冲锋枪被生产出来，最终，它还是成为一款战争名枪。

装有背带的斯登冲锋枪

美军发布的《二战武器调查报告》说："对斯登冲锋枪的责难主要集中在外表难看，不合常规。但是，斯登冲锋枪也有很多优点：首先，它是一支威力颇好的武器，其次是成本低，第三是便于迅速大量生产。"

装好弹匣的斯登冲锋枪

NO.81 HK MP5 冲锋枪闻名世界的原因是什么？

HK MP5 冲锋枪是德国黑克勒·科赫公司于 20 世纪 60 年代研制的冲锋枪，也是黑克勒·科赫公司最著名及制造量最多的枪械产品。

HK MP5 冲锋枪的设计源于 1964 年黑克勒·科赫公司的 HK54 冲锋枪项目，由 HK G3 自动步枪缩小而成。1966 年，该枪被联邦德国采用后，正式命名为 HK MP5。1977 年 10 月 17 日，联邦德国特种部队在摩加迪沙反劫机行动中使用了 HK MP5 冲锋枪，4 名恐怖分子均被击中，3 人当即死亡，1 人重伤，人质获救，HK MP5 冲锋枪在近距离内的命中精度得到证明。此后，联邦德国各州警察相继装备了 HK MP5 冲锋枪，而国外的警察、军队特别是特种部队都注意到 HK MP5 冲锋枪的高命中精度，于是出口逐渐增加。时至今日，HK MP5 冲锋枪几乎成了反恐特种部队的标志。

HK MP5 冲锋枪的口径为 9 毫米，重量 2.54 千克，全长 680 毫米，枪管长 225 毫米，有效射程为 200 米，弹匣的弹容量为 15 发或 30 发，弹鼓的弹容量可达 100 发。HK MP5 冲锋枪采用与 HK G3 自动步枪一样的半自由枪机和滚柱闭锁方式，当武器处于待击状态在机体复进到位前，闭锁楔铁的闭锁斜面将两个滚柱向外挤开，使之卡入枪管节套的闭锁槽内，枪机便闭锁住弹膛。射击后，在火药气体作用下，弹壳推动机头后退。一旦滚柱完全脱离卡槽，枪机的两部分就一起后坐，直到撞击抛壳挺时才将弹壳从枪右侧的抛壳窗抛出。

　　与 HK MP5 同时期研制的冲锋枪普遍采用自由后坐式，以便大量生产，但由于枪机质量较差，射击时枪口跳动较大，准确性不佳。而 HK MP5 采用 HK G3 系列结构复杂的闭锁枪机，且采用传统滚柱闭锁机构来延迟开锁，射击时枪口跳动较小。因此，HK MP5 冲锋枪的性能尤为优越，特别是半自动、全自动射击精度相当高，而且射速快、后坐力小、重新装弹迅速，完全弥补了威力稍低的缺点。

HK MP5 冲锋枪

手持 HK MP5 冲锋枪的德国警察

手持 HK MP5 冲锋枪的捷克警察

NO.82　加特林机枪的工作原理是什么？

　　加特林机枪是一种手动型多管旋转机关枪，由美国人理查·加特林在1861 年设计而成，1865 年作了相应的改进，1866 年装备美国陆军。该枪首次使用于美国南北战争，在北美印第安战争及 19 世纪末美西战争中大量使用。

　　加特林机枪利用一套传动装置使数支枪管绕一个公共轴转动，从而完成连续射击。加特林机枪是机械式的，最初枪管转动需要由人力转动摇把，后来改进为由电动机或导出燃气动力来完成。其优点是射速高，威力大，而且枪管交替工作的方式使它能保持较好的持续火力。加特林机枪的主要缺点是体积大、质量重，消耗能量多。

　　加特林机枪与转膛机枪的区别是：多根发射管和弹膛相对各自的枪机之间不动而整体连续不断地旋转，这种原理的工作特点是每根发射管都有自己的枪机和闭锁机构，分别依次完成进弹、闭锁、击发及抛壳等动作。而转膛原理是由一个能够容纳多发弹药的旋转弹膛配合保持静止的同一根发射管同一套枪机及闭锁机构来依次对准并击发各膛中的枪弹，同时由处于其他位置的弹膛依次装填和退壳。转膛机枪相比加特林机枪的射速更高，并可通过改变电机的功率来调节射速；枪管高速旋转可加速冷却。另外，若枪是由外能源带动，则有较高的可靠性，不会影响连续射击。

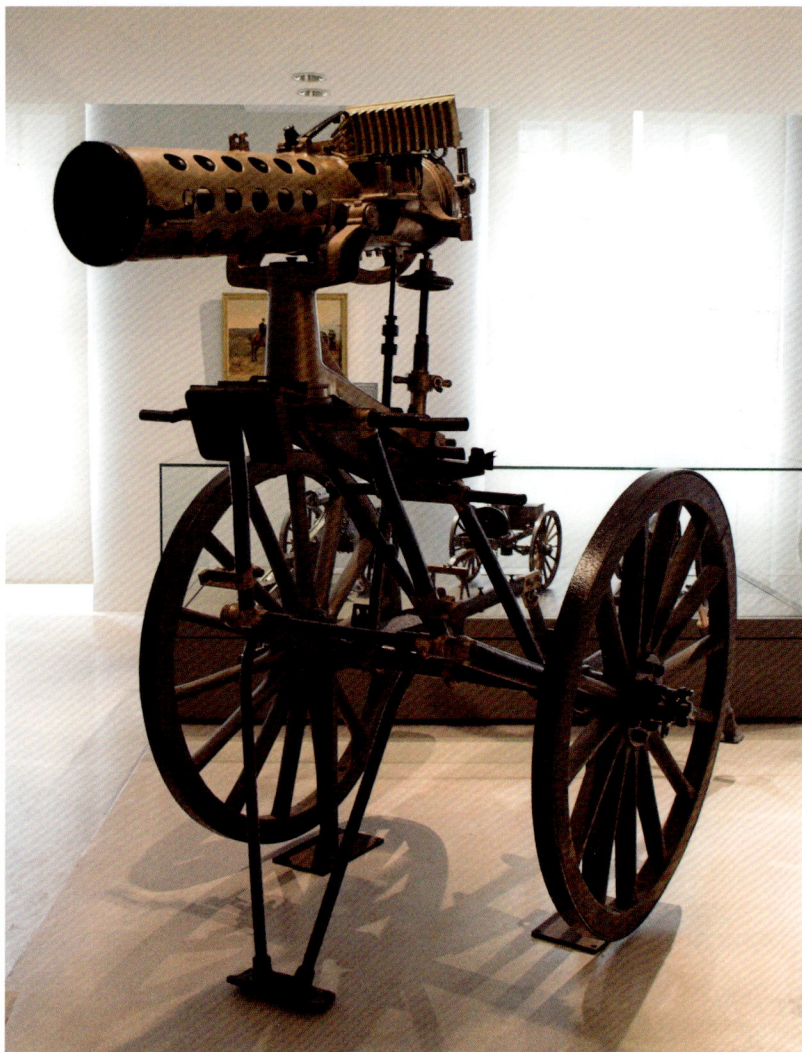

1895 年型加特林机枪

　　加特林机枪从诞生之日起，工作原理就决定了其具有连发射击、火力猛等优点，但也存在重量大、机动性差等缺点。正如许多其他发明一样，在军用领域，加特林机枪是"早产儿"——当时世界主流军事思想还没有为其诞生做好准备。

　　1861 年并不存在对转管机枪的战术需求，因为当时军队不知道如何有效地将一挺机枪作为高效火力来使用，转管机枪不能给人以深刻印象。而将机枪用在步兵进攻中作为近距离支援武器的思想，直到 1898 年才由美国陆军进行了论证，甚至后来在日俄战争和一战时各国陆军都才开始采取大规模步兵集群冲锋的战术，可见直到 20 世纪初很多国家都还对机枪的威力不够重视。

　　更为不幸的是，就在加特林和其他的天才发明家们在不断解决技术难题，努力完善各自发明的同时，也不自觉地为自己的发明创造掘好了坟墓——当手动武器发展到极致的时候，也就为自动武器的出现创造了成熟条件。

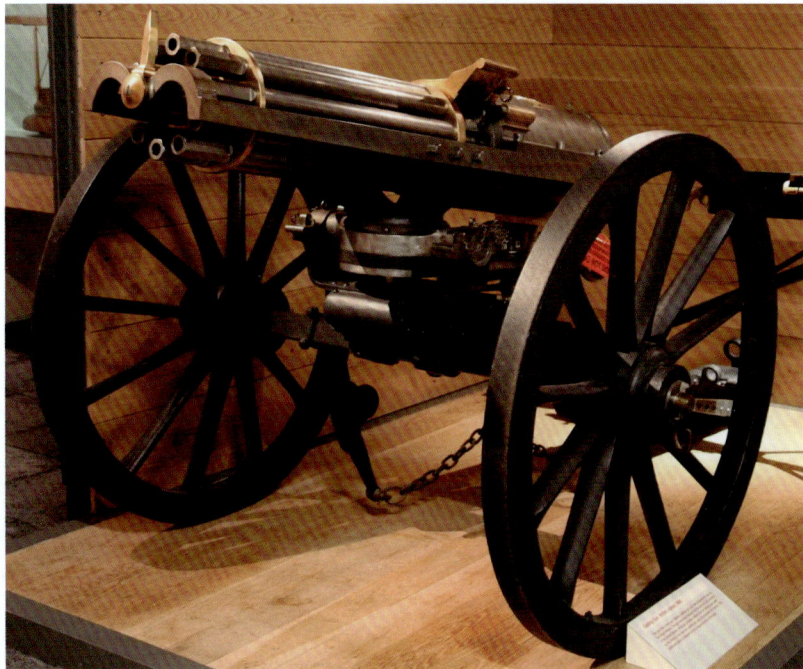

英国皇家炮兵博物馆中收藏的加特林机枪

NO.83　马克沁机枪被称为人类灾难的原因是什么？

在马克沁机枪出现以前，人们使用的枪都是非自动枪，子弹需要装一颗发射一颗。战斗的胜利在很大程度上取决于装弹速度的快慢，很多人还没有来得及填上第二发子弹就莫名其妙地被击毙了。而马克沁机枪在发射瞬间，枪机和枪管扣合在一起，利用火药气体能量作为动力，通过一套机关打开弹膛，枪机继续后坐将空弹壳退出并抛至枪外，然后带动供弹机构压缩复进簧，在弹簧力的作用下，枪机推弹到位，再次击发。这样一旦开始射击，机枪就可以一直射击下去，直到子弹带上的子弹打完为止，能够省下很多装弹时间。

1882年，美国工程师海勒姆·史蒂文斯·马克沁赴英国考察时，发现士兵射击时常因老式步枪的后坐力，肩膀被撞得青一块紫一块。这说明枪的后坐力具有相当大的能量，这种能量来自枪弹发射时产生的火药气体。马克沁正是从人们习以为常、熟视无睹的后坐现象中，为武器的自动连续射击找到了理想的动力。马克沁首先在一支老式的温切斯特步枪上进行改装试验，利用射击时子弹喷发的火药气体使枪完成开锁、退壳、送弹、重新闭锁等一系列动作，实现了单管枪的自动连续射击，并减轻了枪的后坐力。马克沁在1883年成功地研制出世界上第一支自动步枪。后来，他根据从步枪上得来的经验，进一步发展和完善了他的枪管短后坐自动射击原理。他还改变了传统的供弹方式，制作了一条长达6米的帆布弹链。为机枪连续供弹。为让连续高速射击而发热的枪管降温冷却，马克沁还采用水冷方式。马克沁在1884年制造出世界上第一支能够自动连续射击的机枪，射速达每分钟600发以上。

马克沁机枪的首次实战应用是在罗得西亚的第一次马塔贝勒战争中，50名英军士兵操作4挺马克沁机枪击退了5000名祖鲁人的几十次冲锋，打死了3000多人。

马克沁机枪获得成功后，许多国家纷纷进行仿制，一些发明家和设计师针对马克沁机枪的原理和结构进行改进和发展。1892年，美国著名枪械设计师约翰·勃朗宁和奥地利设计师阿道夫·冯·奥德科莱克几乎同时发明了最早利用火药燃气能量的导气式自动原理的机枪，这种自动原理为今天的大多数机枪所采用。

真正让马克沁机枪大出风头还是一战，当时德军装备了 MG08 马克沁机枪，在索姆河战役中，当英法联军攻向德军阵地时，被德军数百挺机枪扫射，英法联军在一天中死了近 6 万人，举世震惊。从那以后，各国军队相继装备马克沁机枪，马克沁机枪由此成为闻名的杀人利器。

在二战中，马克沁机枪早已不算先进，但仍然还有应用。德军一线部队由于步坦协同的需要开发了 MG34 通用机枪和 MG42 通用机枪，但 MG08 马克沁机枪仍然在德军二线部队中服役。

海勒姆·史蒂文斯·马克沁和他的马克沁机枪

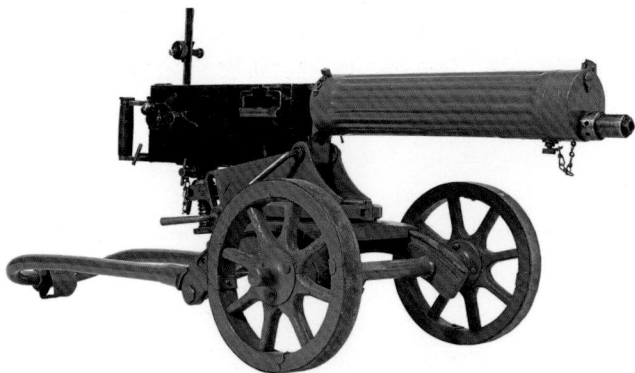

苏联制造的马克沁机枪

NO.84 现代坦克仍然配备高射机枪的原因是什么？

如果我们对比现代坦克的外形，就会发现一个显著的特点，那就是大部分坦克的炮塔顶部都有一挺硕大的高射机枪。那么，为什么坦克顶部一定要装一挺高射机枪呢？如今的喷气式战机的攻击力、防护力和机动力都已经十分强大，小小的一挺机枪似乎无法对其构成威胁。然而，无论是体型巨大的美制坦克还是外形低矮的俄制坦克都选择继续配备高射机枪。

事实上，这样的习惯始于二战。我们观察二战的战场照片就会发现，英美军队的"谢尔曼"坦克一般都会加装一挺 M2 高射机枪，苏联坦克到了后期也开始加装一挺 DShK 高射机枪。当时自行高炮尚未普及，机械化兵团的野战防空能力不强，所以坦克顶上的高射机枪在遭遇空袭时可以应急。另一方面，高射机枪的确可以对当时还不算先进的战机构成低空威胁。

配备了高射机枪的美国 M1 主战坦克

大口径高射机枪不仅可以打击空中目标，而且可以平射打击地面的轻装甲和步兵目标，其巨大的威力也颇具威慑力。但到了 20 世纪 50 年代，苏联认为坦克上的高射机枪已经没有存在的必要，所以开始取消高射机枪。苏联认为，面对新型喷气式战机，手动操纵的高射机枪无论是反应能力还是威力都已经过时，而在核战环境下，外部挂载的武器将受到辐射污染，乘员也不可能从密闭的三防环境内出舱操纵。防空和对地面轻装甲目标的压制任务完全可以交给已经普及的自行高炮负责。

到了 20 世纪 60 年代，被认为已经过时的高射机枪又开始"复活"。原因很简单，当时中东战争和越南战争的经验表明，高射机枪虽然难以打击高速攻击机，但却可以对刚刚兴起的直升机构成巨大威胁。另一方面，其平射地面目标的威力实在让人难以割舍。坦克上装备这样的大威力连发武器，可使其适应更多的战场环境。此外，坦克炮的仰角有限，无法打击一些位置较高的目标，而高射机枪在这样的情况下可以应急。

在中东战争和越南战争中，一些缺乏高射机枪的坦克不够灵活，在直升机、攻击机和轻步兵的打击下遭受了巨大损失。在这样的情况下，坦克兵一边给自己的坦克临时增加机枪，一边要求坦克工厂恢复制式的高射装备。

配备了高射机枪的俄罗斯 T-90 主战坦克

由于乘员出舱操纵高射机枪可能会面临危险，所以许多国家最初的解决办法是加装防护钢板，后来又加装了遥控设备。如今许多新式坦克都配备有大口径机枪、机炮和其他武器的无人武器站。

高射机枪的威力极大。以俄制坦克上的 DShK 高射机枪为例，其射速达到每分钟 500 发，因为子弹威力巨大，可以轻易打穿简易堡垒和轻装甲车辆。在 20 世纪 90 年代的高加索冲突中，俄军坦克上的高射机枪直接把对手的装甲车打成了马蜂窝，还广泛射击高楼上的目标。这种机枪在历次局部战争中还被用于平射地面目标，步兵只要挨上一枪，基本难以幸存。

NO.85　霰弹枪在现代反恐战争中有何作用？

　　霰弹枪是一种古老的枪械，最初主要用于狩猎水鸟，所以被称为猎枪。虽然出现时间较早，但是霰弹枪在战争中的表现还是在两次世界大战中。尤其是一战，堑壕战使步兵们需要一种火力强大、反应迅速的枪械，霰弹枪、冲锋枪等武器纷纷出现。

　　二战后，随着突击步枪、轻机枪、冲锋枪等自动武器的发展，霰弹枪已经不再适合现代战争了，但它在反恐、镇暴等领域依旧有着极大的市场。各国警察纷纷将霰弹枪列为制式装备之一，它的大口径可以用来发射各种非致命性弹药，包括鸟弹、木棍弹、豆袋弹、催泪弹等，并能产生极大的枪口动能，也可发射低初速、大口径的高能量实心弹头，可用来破坏整道门、窗、木板或较薄的墙壁，使警员可以快速进入匪徒巢穴或者劫持人质场所，因此成为特警部队甚至军方特种部队重要的破门工具。

美国海军特种部队使用霰弹枪练习射击

　　20 世纪 60 年代，因为开发了易于退壳和重装的塑料和纸制霰弹壳，一些霰弹枪改为类似半自动步枪及左轮手枪的供弹方式，部分型号甚至在具有连射能力的同时仍保持泵动机构以适应不同弹药，还有些使用无托结构，或者有可折叠或伸缩的枪托。到 20 世纪 80 年代，更推出外形与突击步枪相似、采用可拆式弹匣的全自动霰弹枪。其后，有新式的弹药如集束箭形弹和钨合金弹丸问世，大大提高了霰弹枪的精度和贯穿能力。

　　目前，霰弹枪主要供反恐部队在以下情况下使用。

　　（1）近距离战斗。由于霰弹枪的射程在 100 米左右，减少了因跳弹或贯穿前一目标后伤及后面目标的概率。所以霰弹枪特别适用于丛林战、山地战、巷战及保护机场、海港等重要基地和特殊设施。

手持霰弹枪的乌克兰特警

　　（2）突发战斗。由于霰弹枪具有在近距离上火力猛、反应迅速，以及面杀伤的能力，故在夜战、遭遇战及伏击、反伏击等战斗中能大显身手。

　　（3）防暴行动。发射催泪弹、染色弹、豆袋弹、橡胶弹的霰弹枪可以用来驱散聚众闹事的人群，抓捕犯罪分子。

（4）需要保全目标性命的战斗。由于霰弹枪的多弹丸子弹会将冲击力分散到每一个弹丸上，而球形弹丸的穿透力和持续飞行能力较弱，在相对远的距离击中目标时弹丸往往无法造成足够致命的穿透伤害，却能有效地令目标丧失行动能力。当然，霰弹枪在近距离作战中有着高效的致命性。

NO.86 影视剧中特警队员使用霰弹枪破门是否符合现实？

我们经常会在影视剧中看到这样的镜头：特警队员使用霰弹枪打坏门锁，然后迅速破门而入，一举消灭藏身在房间内的匪徒。但在现实生活中，特警队员真的会使用霰弹枪来破门吗？

事实上，霰弹枪的确可以用来破门，但是必须使用特制的破门弹。要知道，普通门锁的强度就高到手枪弹打不穿，而步枪弹虽然可以打穿，但是不一定能将门锁打断。至于霰弹枪，如果使用常规霰弹，不仅无法有效打断门锁，还有可能发生跳弹的危险，所以必须使用破门弹。

手持霰弹枪的加拿大警察

　　破门弹是专为炸开门锁或铰链而设计的，主要在城区作战、高危险搜捕以及人质营救行动中要求快速突入室内的情况下使用。欧美国家使用的"万能钥匙"弹药就是使用较为广泛的破门弹之一。该弹的塑料壳体内排列有细小的金属射弹，可以有效破除铰链或门锁，如果使用正确，则既能够穿透门也不会有弹回碎片的危险。

　　"万能钥匙"弹药的枪口初速为475米／秒。为了获得摧毁门锁的最佳效果，应以90°的射角射击；要摧毁铰链，则最好以30°的仰角或俯角射击。两种情况下的最佳射击距离都是7厘米。过去使用霰弹枪发射某些破门弹时，必须配置一个特殊的支架装置，但发射"万能钥匙"弹药则无此必要。此外，使用"万能钥匙"弹药或者其他破门弹的射手应该戴上护目镜，以保护眼睛不被弹药破碎时产生的细微尘粒所伤害。

　　除了"万能钥匙"弹药，其他破门弹还有英国席勒公司生产的、在全世界反恐部队中得到广泛应用的"哈顿"弹药，该弹采用蜡铅合成弹丸，重45克，合成后成为一个完整的圆柱体。

使用霰弹枪的美军士兵

NO.87　反坦克步枪退出历史舞台的原因是什么？

　　反坦克步枪是专门为击穿车辆装甲而设计的步枪，其主要攻击对象就是

如今我们要评估一柄优良手枪的性能可以参考以下的性能指标。

- 准确度

枪后坐力的大小会影响发射精度。一柄可以有效排出火药气体的枪械结构可以有效减少后坐力。例如德国的 HK P7 手枪采用气体延迟式开闭锁机构，减低了后座的震动，后坐力小而准度增加。较长的枪管亦有利于提高精准度。

德国 HK P7 手枪

- 耐用度

耐用度强的枪体必须结构简单，零件数目小，易于维修。在风沙、尘土、泥浆及水中等恶劣环境也能正常运作。

- 威力

枪的威力和子弹口径有莫大的关系。威力测试通常在指定距离测量不同枪械对靶的穿透性进行测量。如以色列"沙漠之鹰"型手枪的穿透力就在手枪中首屈一指。

- 人体适性

人体适性高的枪械在设计上应以人体工学为基础，以利枪手使用为大前提。在枪座的设计上，通常使用防滑物料以防枪支甩手。而保险制，扳手应以方便为设计主线。当然，外观亦影响使用者对枪支的感觉，金属感或复古味浓的枪支在枪支爱好者中往往有很高的评价。

美国士兵使用手枪进行射击训练

NO.89　现代战场上，突击步枪能否取代机枪?

在战场上，一把火力强、射速快、持续时间长的枪械，对于整个战斗都有巨大的意义。在枪械发展史上，高速连续射击一直是人类追求的目标。

每一种武器都有最适用它的特殊战场环境，一支军队，需要使用各种武器来应对瞬息万变的战场环境，才能取得最好的战斗效果。

- 重量不同

机枪比突击步枪重，一般来说轻机枪重量接近 10 千克，中型机枪重量在 15 千克左右，重机枪重量在 25 千克以上，分别配属班排连部队。而突击步枪多在 3~5 千克，班用机枪比突击步枪重。加上携弹量不同，机枪子弹消耗量大，需要专门的弹药手背子弹，甚至班组中的其他成员也要帮着背子弹。因此机枪无法做到像突击步枪一般人手一挺。

- 作用不同

机枪的作用一般是火力支援和压制，多用弹链、弹鼓供弹，射程远，能覆盖 1000 米、甚至 2000 米距离，射击精度高，且射击时间长。为了保证长时间精确压制，还要配备两脚架、三脚架，并在战斗中途更换枪管。枪管也是又长又厚的重型枪管。机枪以长短点射或连续射击为主，有的机枪虽然也可以单发，但使用频率不高。

而突击步枪机动灵活，使用弹匣供弹，射程在 400 米左右，射击方式灵活多变，以单发、短点射、精确射击为主，连发射击并不是常态。配合战术导轨，可以加装多种配件，获得不同的战术效果，还可以发射枪榴弹。枪管有长有短，在近距离作战中，短突击步枪配合手枪、手雷等显然更合适。

机枪与突击步枪的作战效能各有所长，机枪手不能离开步枪手的保护，步枪手不能离开机枪手的火力压制和掩护，两者为相依相存的协同互补关系——只有各种武器火力合成起来，才能发挥最大战场威力。只要还有战争存在，两者相依相存的互补关系就会一直延续下去。因此在战场上，突击步枪无法取代机枪。

美国士兵使用 AK-47 突击步枪进行射击

射击状态下的 M2 重机枪

👉 NO.90   把步枪绑在高射炮上有什么作用？

把步枪绑在高射炮的炮管上，一般是用于高炮的训练，俗称"枪代炮"。这种做法的学名叫做"外膛枪"，主要用于装甲兵和炮兵武器的训练，枪代炮比较适合直射武器，比如小口径高炮和坦克炮。

士兵使用"枪代炮"的模拟射击场是一个缩小比例的实战地域，部署有炮兵的战斗队形——炮阵地、观察所、目标区域。

目标区域设置了多种性质的目标。有固定目标，如地堡、火力点、支撑点、堑壕、弹药库、炮阵地等；有面积目标，如集结步兵、集结坦克等；还有运动目标，如单个运动坦克（装甲车）、集群运动坦克（装甲车）等。

"枪代炮"训练不仅仅使用外膛枪，也应用过内膛枪。高炮部队从20世纪70年代开始就实施"枪代炮"，以步枪机枪替代炮弹来实弹打靶，训练时都是枪代炮，在炮管上装一挺班用机枪，机枪的扳机与二炮手的击发脚蹬用钢丝连接起来，射击空靶即可，其他炮手操作如常。

士兵检查高射炮上的步枪

由于机枪与火炮的弹道差异太大，射击修正规律不同，瞄准镜表尺设置也不同，射程过远就无法起到模拟作用。再加上火炮身管上不能打孔钻眼，更不能电焊，机枪架在炮管上，只能使用夹具固定，在火炮射击的巨大震动下，夹具经常松脱，牢固性问题始终未能解决。所以，采用外膛枪的"枪代炮"训练，多是在火炮的直射距离内。

美军装备的 M40 后坐力炮上装有试射枪

外膛枪的另一个应用领域，是反坦克火炮的试射。二战以后的很多坦克炮和反坦克无后坐力炮，都安装有一支试射枪，可以在火炮开火之前，用试射枪发射一发子弹，这发子弹的弹道与火炮的弹道相仿，如果子弹命中了目标，那就可以立即发射火炮，增加了火炮的命中率。随着激光测距机和火控的应用，这种试射枪已经消失。

NO.91　水下枪械在未来海战中有何作用？

现代化海战中，水下蛙人部队担负着水下巡逻、保护海港、水下破坏、情报搜集、清除水障、远程侦察及实施袭击与反袭击等诸多任务，因此，为水下蛙人部队装备威力更强、射程更远、火力更密集的水下枪械，对争取未来海战胜利具有非常重要的作用。水下枪械在未来海战中的作用主要有以下几个。

- 水下枪械有利于提高海军的特种作战能力。

随着现代化战争形势的发展，蛙人部队已逐步成为现代海军的重要组成部分。水下枪械作为蛙人部队的主要装备，正在以其强威力、远射程、高密集火力等优势取代传统的水下武器，如：潜水刀、鲨鱼枪等。水下枪械在蛙人部队中的大量列装，将会有效提高海军特种部队，甚至是海军兵种的整体作战能力，确保海上作战任务的顺利完成。

- 水下枪械具有高技术兵器不可替代的作用。

虽然高技术兵器不断涌现，并在海战中发挥着突出作用，但与水下枪械相比较，仍存在一些固有的弱点，如：高技术兵器不如水下枪械携带方便，受外界条件影响大，尤其是在电子战失败或被压制时，难以发挥高技术武器的威力。在后勤保障上，高技术兵器要比水下枪械困难得多。可见，作为海军高技术武器装备的补充，水下枪械的作用不可替代。

- 水下枪械具有常规枪械不可比拟的水下优势。

常规枪械并不能在水下作为对敌作战的武器来使用。因此，在对敌军重要水下目标进行打击时，在清除敌方设置的水雷及其他水障时，在应付水下可能遇到的攻击及生存受到水下动物威胁时，水下枪械将以其较强的水下适应能力和水下攻击能力，为水下蛙人提供可靠的生存条件，确保海上作战任务的完成。

海下作战想象图

蛙人在水下进行作战训练

NO.92　反器材步枪能否用于反人员作战？

反器材步枪是一种专门破坏军用器材及物资的狙击步枪，破坏效果强于普通狙击步枪。反器材步枪普遍采用大口径、高破坏力的特种子弹，如穿甲弹、爆裂弹、高爆子弹、远程狙击弹等，这些子弹的外形与普通狙击步枪的子弹相似，但是口径大得多。

穿甲弹

现代陆战战场上，轻型步兵战车以及各种类型的通信、指挥、运输、雷达、后勤保障车辆等轻型装甲目标日益增多。传统的步兵轻武器在远距离上对付这些目标时，存在着步枪、轻机枪射程近、威力小，中、小口径狙击步枪威力弱、杀伤效果差，单兵反坦克火箭发射痕迹大、有效射程不足、精度差，重机枪重量大、后坐力大，自动榴弹发射器破甲威力有限等问题；而便携式反坦克导弹等高技术武器则造价过高，无法大量装备。相比之下，反器材步枪具有射程远、威力大、精度高等显著优点，为单兵提供了一种打击轻型装甲目标及车辆的有效手段。

反器材步枪在西方许多国家的特种作战武器中占据着非常重要的地位。究其原因：一是反器材步枪具有很强的反狙击能力。利用狙击手段进行暗杀、破坏活动是非法武装惯用的伎俩。例如在第一次车臣战争中，车臣非法武装的狙击活动曾使俄军第 131 旅在短短 4 天时间里，损失坦克 20 辆、装甲车102 辆，伤亡 800 余人。怎样才能更有效地对付非法武装的狙击活动呢？当然是反狙击。而最佳的反狙击武器就是比非法武装所用的狙击步枪射程更远、威力更大、精度更高的反器材步枪，用它可以有效对付非法武装的狙击活动。

早在一战期间，反器材武器就已经诞生，主要用于射击敌方坦克.

巴雷特 M82 是反器材武器中的佼佼者

二是反器材步枪能够捕捉稍纵即逝的目标。面对现代战场上瞬息万变的作战环境，狙击武器必须具备对敌方人员"一枪致命"、对敌方目标"一枪致毁"的能力，否则就会贻误战机，导致行动失败。反器材步枪的威力、精度、射程都符合这一要求。

反器材步枪的主要攻击对象是敌方的装甲车、飞机、工事掩体、船只等有一定防护能力的高价值目标，也可以用来在远距离上杀伤敌方作战人员，能轻松打穿防弹玻璃或防弹背心等防护物。有不少国家的军队以反器材步枪作为反人员作战的首选装备，由于火力强大，其弹药击中人体后多数会导致被击中者肢体分离，不仅有违人道主义精神，也存在"大材小用"的问题。所以，反器材步枪虽然可以用于反人员作战，但往往只是权宜之计，并非它的主要任务。

美军在反恐战场大量使用反器材武器

NO.93　撞火枪托将半自动步枪的威力提高到全自动步枪水准的原理是什么？

撞火枪托是一个用于将半自动步枪改装为类似全自动步枪，以便连续发射子弹的装置。半自动步枪原本每次扣动扳机只能发射一发子弹，但使用撞火枪托可在无须修改枪身内部构造的情况下，只需通过简易的改装便能如机关枪一样持续发射子弹，从而大幅提高半自动步枪的射速及杀伤力。

已装上撞火枪托的 WASR-10 半自动步枪

撞火枪托的结构是一个附有握把及内部装有弹簧的枪托组件，改装时只要拆除步枪的枪托及握把，并以撞火枪托取代原有的枪托及握把，改装后枪身后部将会被套入撞火枪托内，撞火枪托容许枪身前后滑动，但由于撞火枪托内装有弹簧，弹簧会顶着枪身的尾部，令枪身在未有击发子弹的情况下保持在前方位置，当有子弹被击发时，子弹的装药爆炸会产生后坐力，使枪身沿着枪托内的导轨推向带有弹簧的枪托尾部，直至后坐力消退并被弹簧抵消后，弹簧会将枪身沿着枪托的导轨推回前方，如果射手仍扣动扳机将可击发下一发子弹。撞火枪托作为枪械改装配件的结构并不复杂，每个撞火枪托在2017 年的售价才为 100~200 美元，直至 2018 年初传出禁售消息后售价才大幅攀升至 1000 美元。撞火枪托虽然可在无须改装枪身内部结构下大幅增加半自动步枪的射速，但由于枪身的往复运动会改变枪支的重心，所以使用撞火枪托后会降低射击的精确度。

　　半自动步枪如果没有经过改装，射手每次以手指扣动扳机发射子弹时，虽然步枪在反冲作用下会自动退壳及将下一发子弹上膛，但半自动步枪需要射手松开扳机后，再次扣动扳机才会发射下一发子弹，所以半自动步枪每次扣动扳机只能发射一发子弹，而不能像全自动步枪可连续击发。

M1 半自动步枪及子弹

M1 半自动步枪不同角度特写

HK SL6 半自动步枪

SVT-40 半自动步枪不同角度特写

　　半自动步枪加装撞火枪托后，射手每次以手指扣动扳机发射首发子弹时，步枪在反冲作用下自动完成退壳及下一发子弹上膛，原本半自动步枪的射手必须松开扳机后再次扣动扳机才会发射下一发子弹，但加装撞火枪托的半自动步枪在进行退壳及上膛的同时，步枪的枪身在后坐力的作用下会向撞火枪托的底部滑动，因为撞火枪托的握把可稳定枪手手指的位置，所以连接枪身的扳机在后移时会与射手的手指松开。由于射手的肩部支撑着枪托的位置，枪身往后滑动时会压缩撞火枪托内的弹簧，当后坐力减退后弹簧便会将枪身推回前方，连带将枪支的扳机推向正扣着扳机的手指，令扳机再次受到手指的扣压，下一发子弹因此被击发射出，于是枪支进入下一个射击循环，并使枪身继续往复运动及发射子弹，而射速可达每分钟 400~800 发。

　　撞火枪托利用每次击发子弹后使枪身后移的后坐力，令扳机在短时间内能够与射手的手指松开，然后立即以弹簧将扳机推回射手的手指，在无须改动枪支内部机械结构的情况下突破单发射击的限制，使半自动步枪都能如同全自动步枪连续射击。

NO.94　狙击枪的瞄准镜和枪管不在一条直线上却能够击中目标的原因是什么？

　　狙击步枪的瞄准镜一般都安装在枪管的上方，其中心轴线与枪管中心轴线有一定的距离。在瞄准镜最初安装在狙击步枪上的时候，瞄准线与枪管中心轴线是平行的关系。而狙击步枪所发射的子弹由于地心引力的作用，其飞行轨迹是一条向下的抛物线。

　　狙击步枪准度主要有两个需要注意的要素：一个是风速，一个是距离。因为夹角和抛物线的问题，有经验的狙击手很快可以通过目测距离调整好瞄准镜上下角度，如果目标距离不确定，一般直接往目标上方或者下方瞄。另一个就是风向，子弹向前飞的时候很容易被风吹偏，所以一般要在枪管前左侧挂布条随时感知风向。但是再好的狙击步枪远距离也不会像电影里描写的那样瞄准哪里子弹就会落在哪里，这需要大量实战经验。

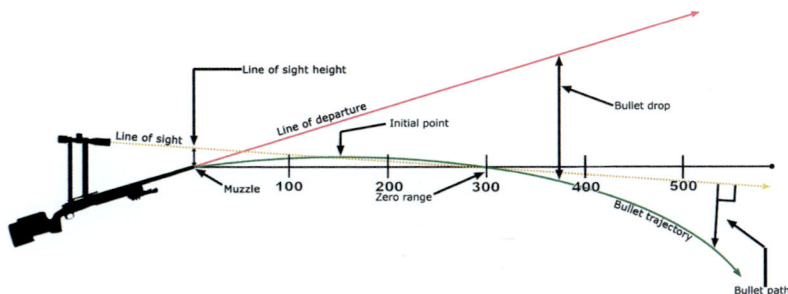

坠弹补偿的原理图

如果用瞄准镜对远处的目标进行射击，瞄准点与最终的弹着点肯定不会是同一个点。比如，瞄准点指向的是敌人头部，实际的子弹落点很可能会在敌人的胸部、腿部甚至落在敌人前方的地面上，距离越远，误差越大。这样的话，利用这种状态的瞄准镜，狙击步枪是无法打中目标的。那么，如果要确保击中目标，就要对瞄准镜的瞄准点进行调整。在狙击步枪的瞄准镜上一般都有高低手轮和方向手轮，就是用来调整瞄准点的。首先，要测出射手与目标之间的距离，再根据这个距离转动高低手轮，使得瞄准线与枪管中心轴线不再是平行关系，而是交叉关系。那么，经过调整后，瞄准线与子弹飞行轨迹将会在预定的距离上实现交叉，这个交叉点就是瞄准镜中所显示出的瞄准点。射手只要将这个瞄准点指向敌人，就基本上可以保证击中目标。

当然，除了测量距离和瞄准点的高低方位调整，狙击步枪要击中目标还需要其他一些参数，比如风向和风速，这就涉及对方向手轮进行调整。此外，还要有气温、气压、海拔高度、湿度等参数，并根据事先准备好的射表再进行微调。经过一系列比较复杂的调整后，瞄准镜中最后形成的瞄准点才能够更精确。

NO.95　枪管会炸膛的原因是什么？

炸膛是一种十分严重的枪械发射事故，主要原因是因为枪支没有正常闭锁或枪支制造时的质量问题以及使用劣质弹药。

炸膛主要损坏的是枪管和枪机，有时甚至会危及射手的生命安全。所以，要避免炸膛，一定要采用合格的枪支和弹药，并经常进行保养，防止零件锈蚀失灵。

一支正常维护的枪支使用高质量的弹药，炸膛概率非常小。很多人发射了几十万发甚至百万发子弹都没有经历过一次炸膛。报告过炸膛的人其绝对数量也非常小。

枪械炸膛有几种可能：枪管被堵；闭锁没有完成；装药过多。枪管完全被堵的可能性不高，除非是只装底火没装药或装药极少的子弹弹头会嵌在枪管内。闭锁没有完成，弹壳底部没有支撑，在高压下（特别是步枪子弹和现代高压手枪子弹）会首先开裂。20世纪初的半自动／自动枪支就有闭锁安全装置，在闭锁没有完成时，扳机与阻铁断开不能击发。装药过多更容易发生在装弹的人自己身上，一时的疏忽就可以造成装了双份火药。很多工厂生产的弹药装药量是100%进行自动检查（重量，弹壳内装药高度），装药过多的可能性极小。现代枪支的设计安全冗余空间还是比较大的。枪管和枪栓可以承受能力比标准压力大很多。而且现代金属处理工艺技术的提高使受损部件炸飞的可能也大为减少。炸膛时高压气体冲破枪管和枪栓限制后会损坏其他非承压部件，最直接的就是弹闸，弹闸飞出来的概率很高。如果是手枪的话，握柄也有可能受损，手会受伤但不太可能炸飞。手枪射击时脸部远离枪栓，只要套筒不被炸飞，炸膛直接的危害就是在手上。步枪本来子弹压力就高很多，射手头部离枪栓也很近，特别是直托弹闸枪机后置类的枪支，枪栓就在下巴附近，一旦炸膛还是很危险的。

炸膛后的枪管

　　总而言之，无论是枪械炸膛还是炮炸膛都非常危险。为了避免这种事件的发生，请购买有知名度的武器，并定期对武器进行维护和保养。如武器超过使用寿命或期限，请将武器立即送到回收部门进行回收，并购买新的武器。

枪械炸膛瞬间

✍ NO.96 远距离射击要考虑哪些因素？

影响狙击步枪千米射击因素分为三种：一是外界因素；二是枪械因素；三是射手因素。

一、影响千米射击的外界因素

外界因素是不可控制的，谁也不能呼风唤雨，因此只能适应外界环境来创造最好的射击环境。影响狙击步枪射击的外界因素主要有温度、湿度、风向、风力、空气中的各种灰尘颗粒、目标附近的各种隐蔽物和掩蔽物等。

狙击手需要有专业人士指导进行训练

1. 风力和风向

要想用 7.62 毫米口径的狙击步枪击中 1000 米以外的目标，就必须面对这样的一种现实：在复杂地形环境下，每隔 100~500 米，风向和风力会有很大的或很小的变化。别以为在射击位置测好了风向和风力，就认为目标所处的位置也是一样的风向和风力。只有在平原开阔地形上才会如此，但即便在那样的平原地形上，也会隔一段距离就会有风向和风力的细微变化。如果子弹重量过轻，受力易变向，一点点的风力也会导致子弹飞到 1000 米外时出现 10 厘米以上的射击误差。别小看这个 10 厘米以上的射击误差，它意味着弹头向着脑袋正中央飞去时却擦着耳边脱靶了。

2. 温度和湿度

温度和湿度也会对精度带来影响，因为不同温度和湿度的空气密度是不同的，在不同密度的空气中飞行，空气阻力是不一样的。在不同的空气密度中飞行，其结果就是子弹在不同的射程上受到不同的空气阻力，必然会对子弹的动能损耗带来一定的影响，子弹的动能损失不均匀，必然会影响精度。例如：在射击位置上测好温度和湿度，并校好狙击步枪后开枪，弹头飞到500~800米以上时正好遇到一阵风吹来了温度和湿度较高的气流时，就形成了让子弹飞进了类似于温度湿度断层的那种环境里，即从密度较大的空气中飞入了密度较小的空气中，空气阻力的变化带来子弹动能损耗的变化，必然影响其精度。这种因素如果是在近距离，影响不大，如果是1000米以上的距离，必然带来至少10厘米的射击误差。

稳定射击是必须训练的科目

不同环境下培训射手的射击本领

3. 空气中的各种灰尘颗粒

别看这种因素很小，在近距离内基本上可以忽略不计。但如果是 1000 米以上的远程狙击，那么这种因素也会对子弹的飞行带来影响。例如：最夸张情况就是一阵大风卷起的沙尘暴，空气中大量的沙尘浮尘、与子弹不断碰撞，也是有可能影响子弹的动能和飞行方向的。因此在那样的环境下狙击难度较大。

4. 目标附近的各种隐蔽物和掩蔽物

掩蔽物如果是打不穿的，目标身藏其后就没办法了。而隐蔽物如果是可以打穿的，目标在隐蔽物外面时，也要考虑隐蔽物给风向和风力带来的影响。如果目标在隐蔽物后面，狙击该目标，隐蔽物也会把子弹挡一下，改变子弹的动能和方向，导致脱靶。例如目标身藏草丛或树技中，子弹飞过去撞上草叶和枝叶时也会有动能损失，导致击中目标附近的其他位置。

综上所述，不难理解射击精度再高的狙击步枪，也会因受环境影响而打不准。所有的狙击手在战场上都不是百发百中的，狙击手要做的事就是尽可能克服环境的影响，尽可能做到首发命中。

对瞄准镜进行微调

二、影响千米射击的枪械因素

对狙击步枪来说，最重要的是枪管和子弹，还有不要以为安装了狙击镜的就是狙击步枪。一个国家的狙击步枪，其枪管的加工水平取决于该国工业水平影响下的加工工艺。狙击步枪的枪管要求有控制得极其严格的制造公差，而且所有的枪管和枪机零件要求完全严丝合缝、紧密结合。如果做不到的话，制造出来的狙击步枪就不能满足要求。除了枪管的加工工艺问题外，还有枪管的膛线数量和缠距以及专用狙击弹，也会影响精度，子弹在枪管中运动时一定要做到和枪管完全咬合闭气，而且在飞出枪口后子弹表面变形不能严重。不然的话，子弹飞出枪管时表面留下的膛线印过于突出，会带来空气阻力对精度的影响。此外，枪管的缠距不能过短，也不能过长，过短则子弹旋转速度太大反而会产生螺旋形的飞行弹道，影响精度，过长则子弹飞出枪管时旋转速度太慢，飞行并不稳定。还有弹头的质心分布也会影响精度，作为专用狙击弹，只有质心分布均匀，长距离飞行时才可能稳定，而且弹头质量要大，才可能减少受风力的干扰影响。真正适合用于千米以上狙击作战的是非自动全封闭结构的枪械，也就是通常所说的旋转后拉枪机式枪械，只有这种结构的枪械才能有最高的千米射击精度。

三、射手的因素

不是在靶场上百发百中，战场上也可万无一失，每个人的心理素质不同，狙击手要想狙击 1000 米以外的目标，就要经过无数次练习，学会在扣动扳机时控制呼吸和心跳节奏。尽可能在呼气时扣动扳机、尽可能在心跳的下坡周期瞬间扣动扳机，能做到这两点，对提高射击精度很有帮助，成功的把握就很大。但实际上，在靶场上和演习场上由于没有生死压力，所以心理紧张程度根本比不上真正的狙击现场。在狙击现场巨大的生死压力下，射手心理过于紧张有可能导致以前经过大量训练出来的控制呼吸和心跳节奏扣动扳机的动作没有做出来，肯定会影响狙击精度。

NO.97　半自动枪械在进行一些改造后能否进行全自动射击？

枪械的发展经历了半自动到全自动的过程，现代以闭膛方式设计的半自动枪要改成全自动的话，理想做法是在击发 - 待击过程中增添一道机构，在扳机不放开的情况下，枪栓完全闭锁的瞬间释放击锤，同时也能轻松切换回半自动，至于怎么改就要因枪而异。

AR-15 突击步枪及弹匣

在美国，合法的改装枪支方法有两种。

- 撞火枪托

在枪托内加装一个加粗的弹簧，然后将枪托和握把连在一起，握把的前沿要稍长于扳机，这样枪支在前后运动时，增大了扳机的行进空间，然后手指在击发第一发子弹后，就可保持不动，第一发子弹击发后产生的后坐力冲击枪托内部的弹簧，弹簧在受力瞬间向前推进枪身完成下一发子弹的击发，然后如此不断反复，此时扣动扳机的手指处于固定状态，因为枪托内的弹簧产生的力量就足以推动枪身向前复进，枪身一旦向前，正好将扳机也送到固定不动的手指上，相当于将扳机撞向手指，这个力量足够完成一次击发过程。

- 换机匣和扳机组

AR-15A2 最独特的人体工程学提手

在美国，很多人会选择自行安装 AR-15 突击步枪。因为零件多是军标（mil-spec），做到了公差小，模块化，可互换。另外一种方法是购买 1986 年 5 月 19 号之前生产的 AR-15 突击步枪。然后把旧的下机匣和扳机组换到新的 AR 枪上实现全自动射击。

全自动 AR 枪的半自动模式跟半自动 AR 是一样的，扣动扳机带动脱离器释放击锤，击锤击打撞针，发射药推动子弹，多余燃气通过导气杆推动枪机完成复位，枪机完成复位的同时重启击锤，脱离器卡住击锤。

全自动模式下，模式选择器可带动上面的全自动阻铁卡住脱离器。当击锤复位时只要不松开扳机，脱离器就不会勾住击锤，从而实现全自动射击。

NO.98　手枪如何实现子弹射出后再抛壳？

目前世界上的大部分手枪，采用的是两种运作方式，分别为枪管后座式和气体反冲式。一般来说，威力比较大的手枪，会采用枪管后座式。而气体反冲式，一般用于威力较小的手枪。比如，马卡洛夫 PM 手枪发射 9×18 毫米马卡洛夫手枪弹，这是一种威力不太大的小型手枪弹。这种手枪的结构比较简单，枪管上缠绕着复进簧，套筒（就是上膛时需要拉动的零件）套在枪管上，在枪身上前后滑动。装好弹匣后拉动套筒，套筒复进时把第一发子弹推进枪膛，准备发射。扣动扳机，击锤打击击针，击针打击子弹底火，产生火焰点燃弹壳里的发射药，把弹头打出去。在弹头向前飞出的同时，火药燃气的压力也作用于弹壳底部，把弹壳朝后推，此时弹壳底部是被套筒顶住的，所以也一并推动套筒向后后座。

但是，相比弹头的重量，套筒的重量要大得多，从速度为零开始向后推，要克服更大的惯性才能把套筒推动，此外还有复进簧的弹力。等套筒开始受力后推，把空弹壳往后拉的时候，弹头早就飞出了枪口，大量火药燃气从枪口泄出，枪管内压力骤降，此时套筒后座抽出空弹壳时，膛压已经下降到安全水平，便能安全抽壳。所以自由枪机原理也叫惯性闭锁，它是利用较重的枪机惯性来关闭枪膛的，击发的时候枪机和枪膛之间并没有机械机构硬性锁定，等弹壳能推动枪机（手枪上的套筒）后退的时候，弹头早就飞出去了，膛压已经下降了。但是自由枪机原理武器不适合发射大威力弹药，因为大威

AR-15 突击步枪侧面特写

力弹药膛压更高，后坐速度更快，膛压还没下降到安全值就已经把枪机朝后顶了，此时膛压还很高，弹壳被抽出合导致枪膛失去枪膛外壁的紧固，压力会把弹壳炸裂，容易发生炸壳事故。

9x18 毫米手枪弹

马卡洛夫手枪及弹匣

手枪发射后抛壳

　　第二种原理叫管退式原理，典型代表是美国的柯尔特 M1911 手枪。这种手枪发射的是 .45 英寸 ACP 手枪弹，威力要比 9×18 毫米马卡洛夫手枪弹大很多，自由枪机已经无法安全发射了。

NO.99　枪械的后坐力有多大?

　　后坐力其实是枪械发射时子弹壳同样受到火药气体的压力，从而推动枪机后坐，后坐的枪机撞击和枪托相连的机框，从而产生后坐力，因此理论上口径越大，撞击越猛，后坐力越强，在连续发射子弹的状态下，因为枪的威力，产生了一定的反作用力，这种作用力会使持枪不稳。但是枪在设计时有缓冲

突击步枪发射后抛壳瞬间

机构，可以延长撞击时间从而减低后坐力，同时，高效的枪口制退器同样可以减小后坐力（原理类似火箭向后喷气），所以，后坐力的大小和口径有关，但枪械本身的结构设计影响更大。

左轮枪的后坐力演示

后坐力的计算遵循动量守恒定律，子弹发射产生的动量就是人体受到的冲量。所以，不同的枪械其后坐力大小是不一样的。

影响枪械后坐力主要有三大因素：武器质量、弹药量、枪支结构（如枪管的长短、口径等）。

武器质量

同等条件下，质量越重的枪械，其后坐力越大。这就是为什么手枪可以手持发射，而机枪通常都要安装在固定的器具上的原因。

弹药量

弹药量越多，枪支的后坐力越大。即使同一口径，也有不同弹种，装药量更是千差万别，比如 .357 贝弹，就有减装药，全装药，强装药等几种配置，射程和杀伤力不同。同一口径的枪，甚至同一支枪，使用不同弹种，后坐力差异很大。

手枪后坐力也是枪械整体工作的主要动力之一

枪支结构

口径直接影响装药量（当然装药量也是不固定的），所以这是最直接的指标。子弹在身管中的行程，决定了射程，长身管的枪能打得更远，但能量守恒，作用力让子弹飞得更远，反作用力也就让持枪者的手更疼；此外，还有枪型。一般来说，左轮手枪因为射击时枪膛不能全密闭，因此后坐力会比全密闭的手枪要弱一些。

参考文献

[1] 《深度军事》编委会. 现代枪械大百科（图鉴版）[M]. 北京：清华大学出版社，2015.

[2] 鲁珀特. 马修斯. 图解轻武器史：步枪品味历史——纵享枪械盛宴 [M]. 北京：机械工业出版社，2017.

[3] 火线精英. 枪械百科全书：枪械百科全书 [M]. 北京：机械工业出版社，2016.

[4] 床井雅美. 现代军用枪械百科图典（修订版）[M]. 北京：人民邮电出版社，2012.

[5] 军情视点. 全球枪械图鉴大全 [M]. 北京：化学工业出版社，2016.

[6] 《深度军事》编委会. 世界枪械图鉴大全（白金版）[M]. 北京：清华大学出版社，2016.